世界思想社 現代哲学叢書

プラクティカル
生命・環境倫理

「生命圏の倫理学」の展開

徳永哲也

Tetsuya TOKUNAGA

世界思想社

Sekaishisosha Contemporary Philosophy Library

まえがき

前著『ベーシック 生命・環境倫理――「生命圏の倫理学」序説』からちょうど二年、前著で予告していた本著を上梓することができた。今度は「プラクティカル」と銘打っているので、生命・環境倫理の「基本編」に続く「実践編」ということになる。そして「生命圏の倫理学」というキーワードを両著の副題に使っている。そこには、生命倫理（bioethics）と環境倫理（environmental ethics）をつないで統合する、生命圏（biosphere という語はすでにあるが、「生物生息圏」というよりは「人間生活の圏域」という意味に近づけて、life-sphere という語を提案する）の倫理学（ethics of life-sphere）を構想したい、という思いがある。

「プラクティカル」だから「実践的」なのだが、「すぐに生活で役立つ」ことを意味するわけではない。実際に起こりつつある、生命・環境・生命圏を揺るがせる諸問題に、根底から問いかけることで哲学的思考を促し、その思考が現実的解決の土台になるのだという意味で、「プラクティカル倫理」なのである。

本著ではまず、第Ⅰ部（第1〜3章）で、功利主義・義務論・徳倫理学という規範倫理学の代表的な理論を整理している。倫理学に詳しい人は、「これらは倫理学の基礎的な理論なのに、なぜ〝ベーシック〟でなく〝プラクティカル〟と冠する本著の方に入れてあるのか」と思うかもしれない。しかし、「基礎的」だからやさしいとは限らない。むしろ、多くの学問の「基礎理論」は、堅固であるがゆえに難しく、初学者が最初にそれを理解せよと求められると、せっかく興味を持ったのに学びから逃げ出してしまうことになりかねない。前著『ベーシック…』と本著『プラクティカル…』という姉妹本は、前著が「入門用」で本著が「深入り用」と位置づけている。前著で、世にある一般的な倫理問題にちょっと興味を抱いて初心者感覚から考え始めてみて、そして本気でもっといろいろ追究したくなったら本著で、専門基礎レベルの理論武装もしながら考えを深める、となってくれれば幸いである。学生読者を想定するなら、大学一年生や、医学系・環境学系の大学に進もうと思っている高校生が、まずは『ベーシック…』を読んでくれて、その半年後か一年後には『プラクティカル…』にまで手を伸ばしてくれたら、と思っている。

第Ⅱ部（第4〜6章）は、前著でも紹介した生命倫理・環境倫理（そして両者をつなぐ生命圏倫理）の代表的な議論を、本著の第Ⅰ部で整理した規範倫理学理論と照らし合わせるとどうなるか、という観点から書いている。この照らし合わせは、どこでも試みられていそうなのに、意外となされていない。分厚い倫理学書の中には、功利主義などの規範理論を扱っている章と、尊厳死や自然中心主義といった生命・環境倫理のポピュラーな問題を扱っている章とが、一冊に含まれているものもある。しかし、規範理論と生命・環境問題を正面からクロスさせて論じている章は、本当に意外なほど見つかりにくい。この照らし合わせという観点は、本著の一つの特徴である。

第Ⅲ部（第7～12章）は、まさにプラクティカルで今日的な諸問題を扱い、生命圏倫理という視点から論じている。そして随所で、「規範理論と生命・環境問題との照らし合わせ」も試みている。出生前診断の問題は前著『ベーシック…』第1章でも触れたが、新型出生前診断の時代に突入した今、どう「現実的」「実践的」に考えるか。人工生殖一般については前著第2章で扱ったが、それが国境を越えて利用される「生殖ツーリズム」になってどんな問題が浮上するか。安楽死・尊厳死は古くて新しい問題であり前著第3章で論じたが、その「法制化」となるといのちの倫理はどうなっていくか。このように議論を深め、さらには地球温暖化、原発、農と食、という今日的な問題に踏み込み、「生命圏を貫く問題」という視点から倫理的議論を展開している。

前著『ベーシック…』を読んでいただいてから本著『プラクティカル…』を読む、という手順を一応はお勧めするが、本著を読んでから前著を振り返る、という読み方でもかまわない。「原発」だけは気になるので本著第11章をまず読んでから、時間ができたら他の章を読む、ということでもかまわない。多くの人の手に取っていただき、共に考えていただければ幸いである。

プラクティカル　生命・環境倫理——「生命圏の倫理学」の展開●目次

プラクティカル　生命・環境倫理——「生命圏の倫理学」の展開

序　章　「ベーシック」倫理から「プラクティカル」倫理へ

1　倫理、倫理学、応用倫理学

倫理と道徳

倫理と言い、道徳と言い、人が生きる原理原則のようなものは大切だとされ、皮肉や逆説でなければ、不必要だとは語られない。それでいて、たとえば政治家の政治資金不正があると、「倫理が問われる」との論評を読みながら、そこで使われる倫理という言葉の軽さに気づいてしまう。重要なようでどこか軽くなっている「倫理」とはいったい何なのか。そして医療・生命の諸問題、産業・環境の諸問題を倫理から問うことで、何か道は切り拓かれるのだろうか。

そもそも倫理とは、と尋ねられると、私は基本的にこう答えている。「倫」という字は人間を、それも集団としての人間を意味する。そして「理」という字は筋目模様を意味する。よって「倫理」とは、人間集合体の筋目を意味する。それは広い意味では、人間が社会を組んで生活している姿、すなわち人間模様そのものだということになり、ある踏み込んだ方向性を持って語ろうとするなら、人間共同体の筋道、人と人が共に生きるための約束事だということになる。

すると、大雑把には「人の道」ということになり、それは道徳と同じではないかと問い返されそうである。問い返されると私はこう答えている。道徳もやはり「人として生きる筋道」であり、「まっすぐな正しさ」という踏み込んだ意味合いを含む。「徳」という字の右上部分は「直」に由来しており、この字全体は「行動するにあたってまっすぐな心であること」を表現している。正しい行いをしようと常に自分の心に言い聞かせていること、というわけである。

語源をヨーロッパ文明にさかのぼれば、倫理は古代ギリシアの「エートス」に由来し、それは「習俗」（人間たちが各地域の各歴史段階で慣行としていた風俗習慣）を意味するから、やはり倫理とは「人々の生活模様」そのものだということになる。他方、道徳は古代ギリシアの「アレテー」に由来し、それは「卓越性」（人間であれ何であれそれぞれが発揮すべき最高の特質）を意味するから、やはり道徳とは人間にとっては「人間としての優れた生き方」だということになる。

ではここで、倫理と道徳という、同じのようだが少し違うものを整理しよう。「倫理」とは、人間が集団、共同体で暮らすうえで明文化せずとも通される筋、いわば「黙約」である。その意味で倫理は「社会的」なものである。かたや「道徳」は、生き方として自分に見出す「優れた面」であり、そのための「おのれ磨き」である。その意味で道徳は「個人的」である。まとめよう。倫理も道徳も、人が生きていくうえでの精神的な真っ当さ、いわば「魂の方位決定」であるという点では同じである。が、倫理は人と人の間に育まれる空気、共有する暗黙の雰囲気であり、それに対して道徳は個人が心に育む行動方針、内面に抱く信条であるという点では違う。もちろん、社会的である倫理が個人に影響して心の中に刻まれることはあるし、個人的な道徳がその人の立居振舞から周囲に伝播することもある。相互に練磨し合うことはあるし、逆に悪くすると、相互に堕落させ合うこともある。倫理と道徳は、相互交流にあると言える。

倫理から倫理学へ、そして応用倫理学へ

倫理は、共同体の中での暗黙に了解される行動規範であり、ときに相互に議論しながら修正も加えていくものであるが、その倫理を分析し体系化したものが倫理「学」である。倫理的なしきたりや言説を洗い出して似たものを「○○主義」とまとめたり、世代を超えて受け継ごうとする人々を「○○派」と称したり、ある問題への二側面からの議論を「○○論争」と名付けて世間に紹介したりす

る。「倫理学」という学問体系を考察し、そこで新たな課題を見出すことによって、倫理そのものに修正を促したり、今ある倫理状況を次の思考に導いたりすることも期待される。ちなみに本書では、世にある倫理を議論する場面とそれを学問体系として考察する場面とを意識的に分けることは少ないので、倫理と倫理学の区別にあまりこだわらない。

倫理学を哲学との異同で説明しておくならば、簡単には次のように言える。人間と世界を考える広い知的営為であり諸学問のアルファでもオメガでもある哲学の中に、倫理学は「部分集合」として含まれる。倫理学は哲学の中では「実践編」と呼ぶことができる。つまり、人間が生きるうえでの行動に直結する、知性の応用学である。そこで、哲学全体を「広義の哲学」とすると、その中の倫理学ではない「補集合」の部分は「狭義の哲学」となり、こちらを哲学全体の中では「理論編」と呼ぶことができる。つまり、行動規範などを現場で語る前の基礎理論として、人間の本性や世界の原理を考究するものである。狭義の哲学は「理論哲学」であり、その理論的土台に立って現実と日常に立ち向かうのが倫理学という名の「実践哲学」である、と説明することができる。

さて、次に確認しておきたいのは「応用倫理学」という呼称である。一九七〇年代のアメリカから、“applied ethics”あるいは“practical ethics”という言葉で語られるようになり、生命倫理（bioethics「学」であることにこだわれば生命倫理学）が第一の柱、環境倫理（environmental ethics）が第二の柱として立てられた。そして一九八〇年代以降は、ビジネスエシックス（企業倫理あるいは経営倫理）、エンジニアリングエシックス（技術倫理あるいは工学倫理）、そして情報倫理と続いている。これらを、医療や産業が急進歩する時代状況に対処する倫理学の現実対応として、「応用倫理学」と総称するようになった。倫理学の「実践・応用」という性格を焦点化しているのである。しかし、元々哲学の社会的実践編が倫理学であり、つまり倫理学はすでに「応用」の意味を含んでいるのだから、応用倫理学は「応用の応用」という同語反復になっている気もする。とはいえ、二〇世紀中盤までの倫理学が、現実への役立ちを忘れて専門家だけの「タコツボ化」を起こしたことへの反省もあって、今という時代に対処する倫理学として、あえて「応用」と冠しているわけである。

2　生命・環境倫理の「ベーシック」な議論

生命倫理とそのベースとなる考え方

いのちを倫理から考えるとき、いきなり「生命の尊厳」や「生き方の理想」を自明のものとして議論をふっかけるのは適切ではないだろう。その価値観にすぐ賛同する人とだけ議論するのではないのだから。また、倫理とはそもそも、踏み込んで規範を提示する前にありのままの人間模様を受け止めることから始めるものなのだから。

そこでまずは、いのちというものを、生命体としての宿命や本能という次元で受け止めてみよう。

自然界の生き物として、生存競争がある。世代交代もある。生命個体としては誕生と死がある。生物種としては保存と進化がある。淘汰されることもある。そんないのちを、たんに自然界の風雪にさらすのでなく、高等霊長類であるがゆえに繊細で脆弱でもある人間として守り育て、それなりに積み上げてきた文明段階の中で全うするように仕向ける道筋を、考えていこう。

そして次には、アリストテレスの時代から「ポリス的動物」と呼ばれた人間の社会的性質を生かすことを考えよう。人間の思考力と技術力を適切に用いてその社会性を高めること、守り育てられたいのちが隣のいのちも次世代のいのちも全うさせる道筋を作ることを考えよう。そうすると、自然界の生存競争をそのまま持ち込むのでなく、競争にもルールを設けて、生きるための競争が「生きがい」や「張り合い」になるようにしていく、という考えが生まれてくる。敗者や弱者への配慮もあった方がいいな、となる。個人でのみならず集団や世代で目標を実現しよう、という意識も出てくる。

こういった考え方をさらに進めると、いのちからもたらされる「恩恵」にも、いのちに伴う「労苦」にも、社会的な分かち合いをきちんと考えることになる。たとえば障害者の出生について、「本人がかわいそう」と言いながら本音では「周りが負担を背負わされる」と思っているだけではないかという問いかけが出てくる。たとえば重病者や高齢者の延命について、当人の本心と周りへの気遣いとの交錯を丁寧に考慮する姿勢が出てくる。

問いかけて考慮するというのは、単純に人にやさしくなればよいという話ではすまないかもしれない。いのちを取り巻く諸課題の解決には、「あちらを立てればこちらが立たず」といった厄介さもあるだろうし、思考力と技術力を投入するにしても、時間とエネルギーの限界に直面するかもしれない。そこで「優先順位」をあえて口にする冷徹さを、時には求められるかもしれない。

どんな医療にどう知力や資源をつぎ込むか、何を創出するか、今あるものをいかに配分するかを考え、それらのルールを作ることも必要となるだろう。眼前の利害と将来への影響をどう考量するか、答えは簡単には出ないこともあるだろう。それでも、共に生きる社会の倫理として、柱となる規範のあり方を議論し、現場ごとの実情にも合わせて方針決定していく営みを、面倒くさがらずに続けていくのが私たちの使命だと、肝に銘じたい。

環境倫理とそのベースとなる考え方

環境を倫理から考える際にも、「人間が自然を支配しようとしたことを反省し、文明を一八〇度転換せよ」といった主張を大上段から振りかざすばかりでは、問題解決はスムーズにいかないだろう。情緒的な物言いは、時に現実の改善を遅らせかねないからだ。倫理はまずは人間模様そのもの、という先述の立場から入ると、次のような議論の立て方になる。

まずは、人間も地球上の生命有機体として自然の摂理の中にいることを確認しよう。生死そのものが自然的な現象であること、人間と環境は空気や水や栄養分や老廃物が循環する回路に貫かれていることを、率直に受け入れよう。記憶や感情までをもデータ化するとか、身体をことごとく無機物的精密機械に置き換えるとかの形で、不死身となり自然循環から離脱することは可能かもしれないが、それはもはや人間が生き続けているという形ではないだろう。

次には、いくら現代の産業技術が環境を急激に破壊しているとはいえ、自然のままの危うさから抜け出そうとしたのが人間文明の長い歴史であること、その点では文明に大きな意義があることは認めよう。文明を全否定して「自然に帰れ」などと叫ぶのが環境問題の解決法ではない。文明と自然のバランスが人類を存続させてきたというのが現実である。人間は文明を操るが、自然の中にもあり続けるし、相互依存の環境に生き続ける。ひょっとしたら、皮膚表面で太陽光発電をするかのようなカロリー摂取方法が発明される時代が来るかもしれないが、身体の内と外との物質循環が一切不要となることはないだろう。

このような認識に立って、考えをこう進めよう。文明の全体的な意義は認めるが、近現代の産業化、技術推進、経済効率優先の「負の側面」をやはり見逃すべきではない。たとえばエネルギー源。自然界が数億年かけて蓄積してきた地下資源を人間がここ数百年で消費し尽くしたら、人類存続を危うくするし、地球自然のバランスを崩すと思われる。今掘っている地層からの石油がなくなればもっと深いシェール層から掘ればいいのか。そのための新技術とそこをめぐるカネの回り方を作り上げれば人間は豊かになれるのか。

どうも技術とカネの話ばかりでは本当の解決にはならない気がする。おそらく、「自然を取り戻す」という発想と「文明力を使いながらもそれに溺れない」発想との、両方が必要なのだろう。自然に対する抵抗力を支配力だと錯覚しかねないほど強大になった人間は今こそ、自然と折り合いをつけて自然を含む周辺環境を持続させるための規範を、構築すべきだろう。自分たちが手に入れつつある技術の「功」の面と「罪」の面とを予見して、開発目標と利用方法を正しく研ぎ澄ます倫理的思考を、いつも心がけるべきだろう。そこで生み出す知恵が、環境の持続のための基準となりうる。

人間と環境との共存、と口では言っても、人間の方も一枚岩ではない。南北対立、国内の貧富差、都市と地方の利害、等々の格差や矛盾があり、「皆で仲良く。自然とも仲良く」などと牧歌的には語れない。それでも、地球の許容力と時間的猶予を予測すれば、今ならではの倫理規範を考えることが、具体的環境対策に説得力を持たせるためにも必要だと思える。

3　「プラクティカル」な議論と、基礎となる倫理学理論

ベースは「いのちの全う＝環境の持続」という考え方

人間のいのちは、諸生物の中である意味では最も脆弱にできている。誕生してから養育・教育に頼る期間は一番長い。そして、生殖活動終了イコール寿命終了という生物がほとんどの中で、生殖終了

後も、また、そもそも生殖をしない／できない者も、長生きする。さらに、自分で食い扶持を稼げなくなったら、そもそも稼げなかったら終わりだ、ともならない。これは福祉の現代史だけの話ではない。太古の遺跡からは、ポリオか筋ジストロフィーらしき成人の人骨が見つかることがあり、幼少期から周囲の世話である程度は長生きした人がいる歴史を、人類は古くから持っていたと考えられる。

すると、いのちを守り育て、それなりに全うさせ、しかるべき時点で死を受容させるというのが、人間の自然史的事実であると言える。これを現代の経済や医療の状況下でどう優先順位を考えて配分バランスを取るかは難しい課題だが、それに関する共通了解を作るのが倫理だということになる。

人間を取り巻く環境は、人間の脆弱さには厳しく、だからこそ人間は文明を築いて身を守ってきた。その文明の進展とともに地球の人口は爆発的に増え、一九〇〇年には一六億人だったのが二〇〇〇年には六〇億人となり、今や七〇億人を超えている。人口が安定期に入りむしろ減少に転じているのは日本などの先進国だけで、世界的にはまだ人口爆発が続いている。

すると、限りある地球の環境を、人間の自然性や文明性と調和させ、持続させることを考える必要が出てくる。自然性のみに基づけば地球表面の適正人口は七億人が限度、と仮に計算値が提示されたとしても、ＣＯＰ（気候変動枠組条約締約国会議）などの国際会議で一〇〇年後に世界人口を九〇パーセント削減する、などといった議定書は採択できないだろう。逆に、文明性のみから科学技術の粋を尽くして人口一〇〇億人でも二〇〇億人でも大丈夫にする、という構想は、今でもアジア・アフリカ地域で飢え死にや栄養失調があることを見れば、現実的ではない。どんな環境を、誰と誰のために、どのように持続すればよいのかを、実現性も見据えながら考える基本の筋を与えるのが倫理だということになる。

基本的理念から現実に筋を通す語りへ

基本的な論点が明らかになり、多数者の合意が可能な理念を提示できるようになったとする。が、現実はその理念通りには進まないものである。理想はあっても実情はほど遠いとか、建前できれいごとは言っても本音は別のところにあるとか、総論では賛成しても各論になると反対が出るとか、いろいろなズレが生じる。それでも、考え方をときには修正しながら真っ当に深め、その深さを説得力として現実の方を動かしていくというのが、まさに「筋を通す」ということだろう。

実はここまで述べたように、倫理学自体が「ありのまま」と「理想像」を往来しているのである。倫理学は一方では「人間模様の学」として「現状認識」であるが、他方では「筋の通し方」として「あるべきものの主張」でもある。西洋近代哲学の総括者と評価されるヘーゲル（一七七〇—一八三一）は、『法哲学』序文において「理性的なものは現実的であり現実的なものは理性的である」と述べた。このテーゼは、現実を理にかなっていると肯定する保守主義にも現実の合理的変革を目指す革新主義にも使われ、それゆえヘーゲルの後継者からは右派も左派も生まれたのだが、私たちはまさに、現実に立脚しながら流されず、理想を目ざしながらも地に足をつけておくという、難しい課題を常に背負っているのである。

さて、現実から遊離せずに、そうした筋道を考えるのが「応用」倫理学であり、そもそも倫理学が「実践」哲学である。生命倫理と環境倫理という「応用倫理学の二本柱」で語るなら、「いのち」と「環境」への基本姿勢を保ちながら「生死の選択」や「経済の都合」という世知辛い問題とも向き合っていく、ということになる。事実（〜である）と当為（〜べきだ）をいつの間にか置き換えてしまう「自然主義的誤謬」には気をつけるが、誤謬を恐れて当為を一切語らないというのも感心しない。そこを乗り越えて「筋を語る」取り組みには、積極的でありたい。また、望む（desire）ことができる、望む人がいるからといって、それが公共的に望ましい（desirable）とは限らない。既存の価値観、これから作る価値観への丁寧な検討も必要となる。

倫理的判断の理論化過程

生命倫理によくある話題として、たとえば脳死と臓器移植を取り上げてみよう。脳機能が停止したら早めに死亡判定を出して新鮮な臓器を他者に移植するわけであるが、ここには一方に「死者」を期待することで他方に「生者」を得るというジレンマがある。これに踏み切ってよいかどうかの基準は、一人を見限って何人かを助けるという「全体の効用」なのか。それとも、一つ一つのいのちを全うさせる「人間の尊厳」なのか。それとも、時に身を捨てても何かの役に立とうという「譲り合いの美徳」なのか。基礎にある価値観と、それを文脈に入れたときの理論化過程をしっかり解きほぐすと、取るべき道が見えてくるかもしれない。

環境倫理によくある話題として、たとえば原子力発電を取り上げてみよう。日本では二〇一一年の震災事故があって、当時の政府は「二〇年かけて原発廃棄」などと言っていたのに、政権交代もあって、今は「安全をチェックしながら再稼働」と言っている。はたして原発賛成に戻ってよいのか。そこで根底的に求められるのは、経済の総合的判断なのか。原子力をコントロールする人知への信頼なのか。未来への責任意識なのか。何を優先してどう推論したかを、為政者や学者はきちんと語る必要がある。

目先の利益だけでない「プラクティカル」な判断へ

理念も大事だし現実も大事だ、と語ってきた。医療や産業が高度に発達した今、その突端で起こっていることに現実的・実践的に、まさにプラクティカルに立ち向かおうとするならば、「流されない」ために、特に目先の利益ばかりに振り回されないために、理念や基礎理論が大きな留め金になる。そこでは倫理思想史の遺産も使えるだろう。知識と思考力をもって考えれば、出発点も推論過程もそれなりに検証できて、正しい、少なくともよりマシな判断に近づくことが期待できる。

たとえば「全体効用」だ、「総合判断」だと言うなら、その「全体」や「総合」の目配りに偏りがないか、そこをきちんと見抜きたいし、主張者には説明責任を求めたい。「人間の尊厳」だ、「人知への信頼」だと言うなら、「誰と誰をどう尊重しどんな知恵をめぐらしたからそうなるのか」を徹底して追究したい。「美徳」や「責任」を言うのなら、「どちらの道に行くのがどんな美徳となり、どう責任を果たしたことになるのか」を議論したい。その姿勢を多くの人が共有することがまさに「倫理」であり、その議論の末に生み出されるのが「倫理的判断」なのだ。

最先端の現実は、かつてなかった技術と情報が行き交う二一世紀に起こっている。しかし、どこを基礎とし、どことどこで推論の一里塚を作り、どんな判断に到達するか、と考える手順は、人類の歴史に普遍的なものが結構あるのではないか。紀元前の思想家の書に、今も私たちは教訓を与えられている。「温故知新」はやはり人類史の遺言なのだ。「応用」であり「プラクティカル」であるからこそ、基礎理論から照らし返す思考を怠らずにいたい。

第Ⅰ部

倫理学から見る現代社会

第Ⅰ章　功利主義の理論と現代

1　功利主義の概要

功利主義の起源

第Ⅰ部では、専門的には「規範倫理学」と呼ばれる倫理学理論の代表的なものを紹介する。「規範」とは倫理的な判断の根拠となるもののことで、判断とそれに基づく行為の原理や規則を哲学的に考察する学問が規範倫理学である。倫理学の中では、応用倫理学で展開される言説の根底を作る基盤に、規範倫理学があると言える。

本書は規範倫理学を主に論じるものではなく、応用倫理学の中心とされる生命・環境倫理をさらに

「プラクティカル」に論じようとしている。よって、その規範の倫理学理論を、本書の構成に生かす文脈で説明することにする。まずは、一番「わかりやすい」功利主義から説明する。

功利主義（ユーティリタリアニズム）は、「功利」という字句と音から、実利主義、効率主義、効用主義などと同一視されやすい。それらと似たところがないわけではないが、基本的には功利（ユーティリティ）を、つまり「うまくやれて」快楽や利益が得られることを、追求する主義だということになる。快楽主義（ヘドニズム）は古代ギリシアやヘレニズム時代からあったが、倫理思想史で功利主義がはっきりと位置づけられたのは、イギリスのベンサム（一七四八―一八三二）からである。

功利主義の提唱者とされるベンサムの理論は、次の三段階で要約できる。第一段階として「功利の原理」を次のように提唱する（以下、カギカッコの括りは引用ではなく筆者によるまとめであることをお断りしておく）。「人間は自然の下にあっては快楽（たんに快と呼ぼう）と苦痛（苦と呼ぼう）に支配されている。ならば快の増加と苦の減少を行為の是非善悪を決める判断基準とすればよい」。ここで特徴的なのは、「功利の原理」イコール「快の増」イコール「善」と言い切ったことである。哲学的説教には「快楽におぼれるのは悪だから禁欲せよ」という禁欲主義（ストイシズム）もあるにはあるが、それが哲学の本流ではない。「欲を持つな」「苦難をあえて選べ」などとしかめ面して言うのが道徳であり哲学だと思っている人にとっては、「快追求の是認」は意表を突くほど率直な命題だったと言える。

第二段階として「快楽計算」を次のように提唱する。「快と苦はその強度や持続性などから数量的に計算できる。よって快（いわばプラス値）と苦（いわばマイナス値）を計算して数値の高い道を選ぶのが正しい行為につながる」。人生の岐路でどちらを選ぶかという場面で、これはわかりやすい基準である。ただし、そんな計算ができるのかという批判はある。ベンサムとしては、倫理に数値という客観性を与えようと考えたのである。

第三段階として「最大多数の最大幸福」を次のように提唱する。「利己的個人の快では限界がある。快が隣人と共有され、社会に広がると大きくなる。よって社会の多数者の総和としての快の多大さを目ざすべきである。快そのものが幸福であるが、多数者の快が増えることが社会としての幸福である」。ベンサムは当時としてはすぐれて平等主義的であり、一部の貴族だけが快を独占して多数の貧民が苦にあることを認めない。基本は総和であるが、幸福の分配も考えており、市民社会の平等のために選挙法改正にも努めていた。

功利主義の推進

提唱者ベンサムにはジェームズ・ミル（一七七三―一八三六）という弟子がいたが、その息子ジョン・ステュアート・ミル（一八〇六―七三）の方が功利主義の推進者としては有名である。たんにミルと呼ぶときは後者を指すが、両者を取り違えることのないように「J・S・ミル」と表記することが多い。

J・S・ミルは「質的功利主義」を唱えたので、功利主義の継承・推進者でありながら修正者でもある。快を量的に計るベンサム論を修正し、快の質的な差異を考慮しようとしたのである。そして、人間の尊厳や品位にふさわしい、質の高い精神的な快を求めるべきとした。「満足した豚より不満足な人間の方がよく、満足した愚か者より不満足なソクラテスの方がよい」という言葉で、感覚的快しか知らない動物より人間が、それも賢人こそが質の高い精神性、幸福を得られると説いた。このミル的な修正に対しては、「質の差は主観的すぎる。量に還元してこそ客観的な原則になるのだ」というベンサム派からの批判も考えられる。功利主義の議論に多くの人を引き寄せた二人の功績は大きい。

ミルは、「質の差」や「精神性」を主張したことから、「個性」「多様性」「自発性」などに着目するようになった。そして人間各個人の精神的自由に価値を置くことから、他者との自由な議論、利他心、社会的感情を重んじるようになった。こうした発言から彼は、言論の自由をはじめとする個人尊重と社会利益重視の論客となり、下院議員として政治改革のリーダーにもなった。現代自由主義の定礎者と評されている。

功利主義の現代的風潮

ベンサムの一世代前には、自由主義経済思想家アダム・スミス（一七二三―九〇）がいた。イギリスが産業革命を経て近代資本主義を本格化させた時代に、ベンサムとミルは生きたのである。この時代には選挙法改正などもあり、政治面でも自由化、民主化がそれなりに進んでいった。こうした時流に、「社会の幸福の総和を増やせばよいのだ」という功利主義が、倫理的正当性を与えた。

倫理としての功利主義に支えられ、市民革命を経て自由主義を発展させたのがイギリスであり、経済的にも政治的にも最も成長して世界最先進国になったのが一九世紀である。そして、イギリス的な進取の気風を躍動的に引き継いだ移民の国がアメリカであり、そのアメリカがフロンティア精神を大いに発揮してイギリスを凌ぐ最先進国になったのが二〇世紀である。この二国が近現代に「最も豊かで自由な国」になったのは、功利主義をうまく取り入れたおかげとも言える。

しかし、全てが肯定できるわけではない。「快追求は利益追求であり、自由社会では商業的利益を好きなだけ追求してよい」という路線になると、狡猾さとある種の腕力が幅を利かせる悪しき商業主義になりがちである。また、功利主義は基本的には総量を第一目標とするから、「総量さえ増えれば貧富差もＯＫ」となりがちである。ベンサムもミルも、「平等」や「利他心」を当時としては先進的に考えてはいたが、共産主義的な財産の分配を目ざしていたわけではない。そして二〇世紀後半以降の功利主義者たちとなると、「自由競争こそ社会を活性化し利益の総量を増やす」という意識が強かったので、「〝悪平等〟は社会の活力を奪って全体を貧しくするから、弱肉強食でもかまわない」というある種の居直りに立ち至ったとも見える。富の偏在という課題が功利主義批判の文脈で語られることもあるのが、現代という時代である。

2　功利主義の今日的分析

功利主義は帰結主義的目的論である

ここで、今日において功利主義をめぐる論争が交わされるときによく使われる専門用語を少し紹介しておこう。本書でこの先の議論を深める際の予備知識になるからである。

まず、功利主義は「帰結主義」という性質を持つ。「結果主義」と呼んでもよいが、こちらは「そんなのは結果論だ。結果主義にとらわれすぎてはいけない」といった日常の文脈で曖昧に使われることもあるので、本書では帰結主義という語を選んでおく。帰結主義とは要するに、行いや取り決めの結果・帰結で判断する立場であり、結果が良いことが「善」であるとする主義である。

よって帰結主義は、「目的意識は高かった」とか「そのつもりはあったが実現に至らなかっただけ」という弁明を許容しない。功利主義は「快や利の総量」「最大多数の最大幸福」を目ざすから、「最終的に幸福が増えたのか」を問う。世の中にはやってみなければわからないことはあるが、初めから「この方針でよい結果が出るとは思わないが本人の意欲を汲んでそうしよう」とは認めないのが、功利主義なのである。

逆に、行いの際の「善意」や「プロセス」で良し悪しを評価する主義が「非帰結主義」である。子どもの教育途上においては、非帰結主義的な見方で子どもに接する教師が多いだろう。また、スポーツや芸術では、「アマチュアなら非帰結主義でよいがプロなら帰結主義に徹するべきだ」という命題が成り立つかもしれない。

次に、功利主義は「目的論」という性質を持つ。「合目的性」で事物や行いを規定する見方である。つまり、人であれ物であれ「ゴールに向かって動くものだ」とする見方である。目的論は倫理学理論としては、「正しいやり方か」よりも「最終的な善に向かっているか」を重視する見方となる。功利主義倫理学は、「最後に成果が上がるような道を選んでいるか」を問うのである。

「目的論」の対概念は、自然観においては「機械論」であり、倫理学においては「義務論」である、と言うことができる。自然を見るとき、「一つ一つのメカニズムが重なっていくだけであって、完成形としてのゴールなど決まってはいない」とするのが機械論である。倫理を考えるとき、「やるべきこと、正しいことに従い続けるのが大事なのであって、結果は二の次と言ってもよいかもしれない」とするのが義務論である。

以上から、功利主義は「帰結主義的目的論」と呼ぶことができる。たとえば「非帰結主義的目的論などありうるのか」と問われれば、「ありうる」と答えよう。「ゴールはある。眼前の一歩しか見ていないわけではない。しかしその時々の事情で、止まったり、ゆがんだり、ゴールが遠のいたりすることはある」という姿勢は、非帰結主義的目的論に立っていると言える。

功利主義には行為功利主義と規則功利主義がある

功利主義の専門用語を紹介するにあたって、「功利主義は行為功利主義と規則功利主義に分類できる」という命題を掲げておこう（この先には「二層功利主義」という用語も出せるし、分類法はこれのみではないのだが、そうした話は規範倫理学の専門書に譲ろう）。

行為功利主義は、「功利の原理」を個別の行為に適用する型の功利主義である。つまり、「快の増、社会全体の幸福」につながるかを一回一回の行為ごとに善悪判断する主義である。これは、ケースバイケースで最適な選択肢を取りうるという長所を持つが、「一回一回」はやはり不確実になるという短所を持つ、とされる。「社会総体」を考えてはいるのだから「目先の利害」にとらわれたその場限りの損得勘定ではないのだが、やはりその人、その時によってブレが生じ、確実な倫理原則とは呼べないのではないか、とも言われる。

規則功利主義は、「功利の原理」を個別の行為でなく規則に適用する型の功利主義である。つまり、個別事情に左右されずに「こういった場面では誰でもこうするのが善だ」と規則化する主義である。これは、「ケースバイケースという名の下での原則なし崩し」や「人と時によるブレ」を回避できるという長所を持つが、現場判断抜きに規則化しようとするあまり実情に合わない決定を導きかねないという短所を持つ、とされる。倫理学理論においては「その規範は普遍化可能性を持つか」という問題がしばしばついて回るのだが、「行為功利主義か、規則功利主義か」においてもその問題は浮上してくる。

3　功利主義の現代社会での成否

功利主義の魅力

功利主義は、「快の増大は善だ」と言い切るところがわかりやすい。自分は我慢してでも他人のために尽くせ、などとは言わないし、自分を厳しく追い込むことが向上につながるのだ、などとも言わない。人には欲があるものだしそれを率直に追い求めることをためらわなくてよい、と言ってくれる。他者危害原則（他者に危害を与えない限りは自由にしてよいという原則）という最小限のルールはあるが、基本的には自由競争を奨励する。これが近現代の自由主義による経済の繁栄に貢献したのだから、みんなが功利主義者になってこれからも豊かになろう、と功利主義の魅力を語ることができる。

しかも、功利主義は自らを「利己主義」ではないと言う。私は自由に創意工夫して快と利の追求にいそしむのだからあなたもそう努力すればいい、という言い方で「他者の自由」も認めている。最終的に多数者の幸福が増えることを目ざしているのだ、という言い方で「社会総体」のことも考えている。万事ＯＫではないか、となりそうである。

功利主義への批判

しかし、功利主義に対する批判は昔も今もある。批判を三点でまとめよう。

第一点。倫理的な判断の「原理」として、「快苦」は適切な基準と言えないのではないか。快苦は表層的で刹那的で、人間の本質的なあり方の基準には使えないのではないか。それに、その快苦を適切に「計算」したり「質を判断」したりできるのだろうか。そのうえ、「総量が目的」となると、分配には配慮が届かない「強者のみの自由な繁栄」になるのではないか。ベンサムやミルは当時としては平等主義者である方だったが、そうした彼らにも、たとえば「浮浪者には強制労働」といった発想は強く残っていた。その後の功利主義者にも、「福祉的な平等と分配」の発想はなく、「そんなことに気を遣うとかえって社会の活力がそがれるから優勝劣敗でよいのだ」という考え方が強い。

第二点。「帰結主義」だとやはり「結果よければ全てよし」となり、人々の志や行為のプロセスが評価されなくなるのではないか。不運にもよき結果にたどり着けなかった人に対しても、そのやる気と努力過程をやさしく称えてやることが、倫理的には好ましいのではないか。そのうえ、「目的論」だと、「目的のためには手段を選ばず」ともなりやすく、取り組み方の正しさが軽視されるのではないか。最低限のルールはあるとはいえ自由競争だから、不正ギリギリの狡猾さや強引さが許容され、むしろ奨励され、健全な自由社会ではなくなってしまうのではないか。

第三点。行為功利主義は、やはりその時その時の利害に左右される「場当たり主義」に見える。かといって規則功利主義は、快と利の結びつく行動法則を天上で決めようとする「現場無視」に見える。どちらにも短所がある。これは結局、功利主義は「倫理」として「よき社会」に貢献できない、ということになるのではないか。

生命・環境倫理としての成否

次に、生命倫理や環境倫理で例示されやすい話題に、功利主義を当てはめてみよう。臓器不全者の救済という場面で、「健康な人を一人殺して、心臓、腎臓二つ、肝臓や肺の切り分け、等々でうまく分けて、一〇人の臓器不全者を助けよう」という方針が、功利主義からは導き出せてしまう。この方針は、直感的には奇妙と思われるだろう。ではなぜ「奇妙」と思うのか。功利的な計算ではかえって道を誤ることがある、と私たちは何となく知っているからだ。ここには、「人間の尊厳」などの別の倫理基準が必要になるのではないか。

環境対策の例で考えてみよう。功利主義が総量主義に帰結し、それは多数決で決めるということだ、となってしまうと、どんな環境対策をとるかは貧しい発展途上諸国の国別票数の多さで決まることになる。国別ではなく人間一人ずつとしても、中国やインドが国民の意見をまとめてきたのだと言ったらそこで一〇億票、二〇億票が決まってしまう。環境対策を先進諸国の自己都合で決められても困るのだが、先進国からであれ途上国からであれ、「道理にかなった声」なら少数意見でも重視されるべきであろう。

このように、生命倫理や環境倫理といった応用倫理学の議論で、功利主義が使える場面もあるだろうが使えない場面もありそうである。よって、その使える場面と使えない場面とはどう分けられるのかを考える必要がある。あるいはさらに、功利主義の倫理としての有効性そのものを再検討する必要があるかもしれない。

第2章　義務論の理論と現代

1　義務論の概要

義務論の起源

前章第2節において、「帰結主義的目的論」という言葉を紹介したところで、目的論の対概念は倫理学では義務論である、と述べた。その「義務論」という言葉が、規範倫理学では功利主義の対抗勢力のように扱われるのである。ここでは、規範倫理学理論としての義務論を紹介しよう。

人間の義務や責任から人の道を説く議論は古くからあったが、倫理思想史において義務論を位置づけた提唱者はカント（一七二四―一八〇四）だとされる。理論的位置づけの起源として、カントの哲学から義務論の輪郭をまとめてみよう。

『純粋理性批判』などの「三批判書」が主著とされるように、カントの哲学は「批判哲学」である。批判とは非難ではない。「効力と限界を明らかにする」のが批判である、というのがカントの出発点である。そしてカントが批判するのは「理性」である。人間が持つ理性を吟味し、その効力と限界を明らかにし、理性を本当に信頼できる能力にしようとするのである。その吟味の結果カントは、対象の認識に関わる理論理性（これをカントは「純粋理性」と呼ぶ）と、善を行う意志に関わる実践理性とを分ける。そして理論理性が効力を発揮する場を、対象を経験的に受容する領域に限定し、実践理性については、道徳行為を働きかける領域で「自由な人格に要請されるもの」として認定する。この、「実践理性は要請されるものだ」というカントの言い方は少し議論を呼ぶことになる。彼は実践理性の存在を証明したのではなく、信念として語ったことになるからだ。カント信奉者はここをカントの魅力だと評するだろうし、カント批判者は弱点だと見なすだろう。

本章のテーマは倫理的な判断と行為の基準なので、「実践理性があるとして、その用い方は……」という話からカント哲学の要約を続けよう。カントは、実践理性によって善を自由にかつ自律して行うことができるとし、「普遍的な道徳法則に従え」と命ずる。自由かつ自律である「人格」ならば、個人的主観的規則にすぎない「格率」を超えて、普遍的客観的規則である「道徳法則」に従って行動できる、と主張するのである。そして、「無条件に」「いつでも誰でも当てはまる」「やるべきこと」

すなわち「人間の尊厳にかなうこと」をやろう、と言うのである。この無条件性、普遍性がカントの理想である。そこでは「やろうとする意志」があることが大事だとされる。

そのうえでカントは、「内なる道徳法則に従うのが人間の義務である」と語る。「理性→善意志→自律→普遍的行為」という推論を踏まえて、人間を人間たらしめている理性を用いて誰もが正しいと認める行為をなそう、と主張するのである。そして、「正しいことを行おうとするのは義務である。なぜならそれが義務だからである」と結論づける。最後のところは、「義務だから義務なのだ」と言っていることになる。これを説明になっていないと批判するか、数学の公理のように受け入れるかで、カントへの評価は分かれるのかもしれない。

カント義務論の整理

倫理学においては、義務論と言えばカント、カントと言えば義務論、というのが定説になっているので、もう少しカント義務論を整理しておこう。特色を二つ、分類法を二種類として整理する。

特色その一は、道徳は「普遍法則」として「それ自体を目的」として「自律」として行うものである、という命題に集約される。人間の内的な規則なので、倫理規範と言わずに道徳という言葉から始めるのだが、そこに普遍性（一個人のものでありながら人間全てに通じるもの）を求めるのである。そして、何かの利益のための手段ではなく、道徳的であることが目的そのものである、という境地を求める。また、自らを律するというのは厳しい抑制のイメージがあるが、カントにおいては「自由であることは自律できることであり、自律できてこそ自由でいられるのだ」という信念がある。

特色その二は、「人格」すなわち「人間の尊厳」をもって「善意志」を発揮せよ、という命題に集約される。「自由、自律、尊厳意識」は人格の必須要素であり、判断・行為としては善なる意志を常に反映させよ、というのがカント哲学の基本命題である。「結果はともかく意志が大事だ」というのがカント義務論の特色だと言えるのだが、「結果よりも意志」という部分はたしかに議論を呼ぶ。その点は次の「今日的考察」で扱おう。

分類その一は、義務を「完全義務」と「不完全義務」に分けるというものである。完全義務とは、厳格に必ずやるべきことであり、反すると道徳的に非難される。不完全義務とは、やる方が望ましくほめられることであり、反しても非難まではされない。分類その二は、義務を「自分に対する義務」と「他人に対する義務」に分けるというものである。

この分類その一とその二を掛け合わせると、四つの義務を語れる。第一は「自分に対する完全義務」で、例としてカントは「自殺は禁止。普遍的自然的法則にも反するし、人格の尊厳にも反するから」と言う。第二は「他人に対する完全義務」で、カントは「できないことを約束するな。約束そのものの普遍性が崩れるから」と言う。第三は「自分に対する不完全義務」である。カントは「才能と素質を向上させ開花させよ」と言う。「不完全」でいいのだから努力目標のようなものだが、あえて

「義務」と呼んでいる。第四は「他人に対する不完全義務」である。カントは「困っている人に力を貸せ」と言う。これも「必ずとは言わないが、奨励と呼ぶにとどめず、あえて義務と呼ぼう」ということである。

2　義務論の今日的考察

なぜ「義務」なのか

やるべきこと、やった方がいいことを考えようというのは結構なことだろう。それにしても、なぜ「義務」なのか。義務だよと言われるのは時に窮屈に感じる。頭ごなしに決めつけられると反発したくもなる。そこまで厳格に迫らなくても、「その場その場でそれなりに」で十分なのではないか。甘いと言われるかもしれないが、少しは「なあなあ」の曖昧さを残しつつ緩やかに方針を提示した方が、かえって多くの人が乗ってきてくれてうまく行くのではないか。こんなふうに反問したくなるかもしれない。

これに対して義務論者はおそらくこう答えるだろう。人はいつも理性的とは限らない。欲望に負けたりムードに流されたりすることは多い。「その場その場」では目先の都合に動かされやすくなり、後で考えれば不適切だったと思えることをしてしまうかもしれない。ならば、理性的に考えられるときに「自己命令」として義務づけておく方が、人生は正しく進む。義務論倫理学が説く義務とは、権力者が支配下の者たちに命令を下すということではなく、自分で自分に下す命令である。その律し方を隣で見ていれば自らの立ち居振る舞いを正す人も出てくる。ぶつかり合うなら互いの作法を示して議論すればいい。そんな共有空間に築かれるのが義務論的な倫理である。以上のように答えが返ってきて、全員が賛同するとは限らないが、これはそれなりには一目置かれる返答であろう。

「普遍的」道徳法則などあるのか

義務論倫理学は、普遍的な道徳法則に従えと言う。しかし、人間の行動に「普遍的」法則などあるのだろうか。個人的で主観的な行動規則ではまだ不十分だから普遍的で客観的な行動規則を見出せと言うが、そんないつでもどこでも誰にでも通用する規則など存在するのだろうか。義務論は、高邁な理想を述べるあまり、できもしないことを主張しているのではないか。こんなふうに反問したくなるかもしれない。

カントに沿えば、おそらくこう答えられるだろう。カントは「あなたの意志の格率が、常に同時に普遍的立法の原理として妥当するよう行為せよ」と主張している。格率とは個人的主観的規則であり、普遍的立法とは道徳法則を作るものであるから、「個人が普遍者になれ」と命じているようにも見える。ただ、「意志」として「妥当するよう」という文脈からすると、「普遍的なものができ上がっていて探せばあるのだから、それに我が身を一致させろ」と言っているのではなく、「常にその方向を目ざそう」と言っているのだと考えられる。正解があってそれに従う実践をなせ、ということではなく、自分なりによりよい答えを心がけながら行動しよう、ということなら、義務論の言い方にも説得力はあるかもしれない。

「目ざす意志」があれば「結果はどうでもよい」のか

「目ざそう」であり「自己命令」であり、「意志」特に「善なる意志」を強調するのが義務論倫理学であるようだ。たしかに義務論には「結果よりも意志を重視する」「成果よりも動機やプロセスを評価する」という特徴があり、その点では帰結主義的目的論である功利主義と対照的である。しかしそれだと、「結果はどうでもよい」ということになってしまうのではないか。そして「やる気はあったが達成できなかった」という弁解が横行し、成果が得られない（経済活動だと業績が上がらない）ことがどんどん許容され、その「成果の乏しさ」は社会的幸福の減少ということになるのではないか。こんなふうに反問したくなるかもしれない。

ここが義務論の弱点かもしれない。もちろん倫理学として語っているのだから、経済的業績のような問題関心から批判されてもすれ違うのだが。とりあえずこう答えておこう。「やる気はあったが……」ということで言えば、うわべだけのやる気では当然批判される。義務論はポーズを取ることではないのだから。「人間としての尊厳」や「人格ある者としての自律」が前提にあるから、そこでの見せかけを義務論は許さない。その「尊厳」や「自律」を裏切っていない「意志」が本物なら評価する、ということになる。

3　「義務論 vs 功利主義」と生命・環境倫理

義務論の長所［短所］が功利主義の短所［長所］

今述べたように、義務論と功利主義は対照的なものとして扱われやすい。たしかに、義務論の長所と見なされる点が功利主義の短所と見なされ、義務論の短所と見なされる点が功利主義の長所と見なされることが多いのである。

まず、「義務論の長所、功利主義の短所」という切り口で論じてみよう。義務論は、行為に「正しさ」を求め、自己命令（カント用語では「命法」）に「普遍性」を求める理想主義である。そこにまっすぐな人間性や美しさを感じることはできる。打算に走らない清潔さも感じられるだろう。それに比べると功利主義は、快楽や利益に走りすぎている。ミルが「質的な快楽」を唱えたとはいえ、やはり快楽の量が決め手になりがちで、それは量的な物欲に終始する悪しき現実主義である。今日の先進諸国の経済的繁栄がかえって心の貧しさを生んでいるとしたら、それは功利主義が横行した結果ではないか。

他方、「義務論の短所、功利主義の長所」という切り口で論じてみよう。義務論は、禁欲的すぎるし、理想を目ざすあまり答えの見つからない迷路に陥りやすい。高邁な精神論になりがちで、「武士は食わねど高楊枝」に近い「やせ我慢」になってしまう。完璧な行動規則はおそらく見つからず、不十分にとどまることの苛立ちや自己嫌悪を招くことになる。それに比べると功利主義は、「快や利の追求は善だ」と堂々と言ってくれるのでわかりやすい。しかもたんなる利己主義ではなく「総量を増やして全体の幸福につなげよう」と言っているのだから「うしろめたさ」を感じる必要もない。これでいいではないか。

義務論が良くも悪くも理想主義で功利主義が良くも悪くも現実主義、と断ずるのは一面的すぎるが、「一面」としては当たっている。「何々をすべきとの論はきれいに聞こえるが、所詮はきれいごとにすぎない。現実は清濁合わせのむところがあって当然であり、それが生きるということだ」との意見はしばしば出される。ただし、「きれいごとを目ざしてどこがいけないのか。清濁の清の部分を増やす努力を冷笑する人はやがて濁の部分に自分がのみ込まれるだろう」という反論も可能である。

生命倫理における、義務論 vs 功利主義

義務論と功利主義を以上のように大まかに対比したうえで、生命倫理の場面では「義務論 vs 功利

主義」がどんな論争になりそうかを少し見ておこう。ここでは一例のみ、脳死・臓器移植を取り上げる。

おそらく義務論者には、脳死を人の死と判定することについて、そして脳死者から早めに臓器を摘出して他者への移植に使うことについて、慎重になろう、なるべく自粛しよう、と考える人がかなりいるだろう。「首から下は温かく眠っているだけに見える人」（それは植物状態患者や重病者にもよくある）を「判定」で死亡と見なして、臓器を「一刻でも早く」と取り出すのは、人間としての尊厳を切り裂く行為であり、「人を手段としてのみ扱ってはならず目的として扱え」というカントの命題にも反する、との見解が予想される。

他方、おそらく功利主義者には、臓器の有効利用で社会総体では救われる人が増えそうだから脳死・移植を推進しよう、と考える人がかなりいるだろう。「もう死んでいる人、少なくとも死んだも同然であり起き上がって活躍する可能性はない人」には潔く死を受け入れてもらって、その臓器が何人かに行き渡れば、社会の幸福の総量は増える、との見解が予想される。

もちろん、義務論者の全てが脳死反対を唱えるとは限らない。「いのちの贈与は人間的義務にかなうから早期に死を受け入れて臓器を差し出すことに賛成する」という見解はありうる。また、功利主義者の全てが脳死賛成を唱えるとは限らない。「他者からの移植は拒絶反応や感染症のリスクが高く、脳死・移植の推進が社会の効用を最大化するとは言い切れないから反対する」という見解はありうる。

とはいえ、義務論の考え方が他者のいのちに頼る医療技術に慎重になりやすく、功利主義の考え方が技術推進に積極的になりやすい、という傾向はあるだろう。

環境倫理における、義務論 vs 功利主義

次に、環境倫理の場面では「義務論 vs 功利主義」がどんな論争になりそうかも見ておこう。一例のみ、森林保護と登山道路建設の兼ね合いを取り上げる。

おそらく義務論者には、森林の大切さと人間の保護義務を考えて、登山道路をあまりあちこちには造らないようにしよう、と考える人がかなりいるだろう。自然の諸生物にもそれなりの尊厳があるのだから人間の趣味的利益のために山と樹木を踏みにじるべきではないし、仮に人間の正当な利益のためだとしても森林生態系を長期保存して恩恵を持続させることが義務だ、との見解が予想される。

他方、おそらく功利主義者には、山や森の愛好者を増やせるし山村地域の観光振興もできるから登山道路を積極的に造ろう、と考える人がかなりいるだろう。登山者の快楽に寄与するし、愛好家や理解者を増やせれば自然保護とも両立するだろうし、何よりも地域振興で利益を得られる人が増える、との見解が予想される。

もちろん、義務論者の全てが登山道路反対を唱えるとは限らない。「道路建設は、はげ山にしてしまえということではなく、人が適度に足を踏み入れやすくしようということだから、人の目を行き渡

らせて森林を適度に管理することこそ責務と考えて賛成する」という見解はありうる。また、功利主義者の全てが登山道路賛成を唱えるとは限らない。「登山しやすさも地域振興も一部の者の利益にとどまり、下手に観光客が踏み込むと自然が荒らされ、地域が分断される不利益の方が多くなると予想されるから反対する」という見解はありうる。とはいえ、義務論の考え方が手つかずの自然を保護する論調になりやすく、功利主義の考え方が開発のバランスは取りながら道路も認める論調になりやすい、という傾向はあるだろう。

以上のように、義務論と功利主義に照らしてみることで生命倫理や環境倫理の論争に結論が得られるようになる、というわけではないが、どんな主義に基づいてどんな判断をしているのかを、自覚的に検討することには意味がある。「私は功利主義者だという意識はあまりなかったが、この文脈でこう思うということは、この程度は功利主義に肩入れしていることになるのだな」といった自己分析もできるかもしれないからだ。

第3章　徳倫理学の理論と現代

1　徳倫理学の概要

徳倫理学の起源

功利主義、義務論と紹介してきて、次は「徳倫理学」（別名「徳の倫理」）である。ハーバード大学教授マイケル・サンデル（一九五三―）の「白熱教室」が話題となり、彼が「この問題は功利主義だとこうなり、義務論だとこうなり、徳倫理学だとこうなる」と語る場面がしばしばテレビで放映されるようになってから、「倫理学にはこの三つが三分の一ずつあるんだな」との印象を持つ人が増えた。これから説明するように「三つが三分の一ずつ」というのは誤解なのだが、規範倫理学の有力な説が少なくとも三つあるということを世間に知らしめた点で、サンデルの功績は大きい。本書でもここで徳倫理学を、「生命倫理、環境倫理、そして生命圏の倫理学」という大テーマに資する範囲で、紹介しておこう。

徳倫理学の起源は、西洋哲学史では古代ギリシアのソクラテス（紀元前四六九―三九九）とその弟子プラトン（紀元前四二七―三四七）に見出すことができる。

ソクラテスは、都市国家アテネの他のソフィスト（弁論術の市民教育者）たちとは一線を画した「最初の人間哲学者」として名を残しているが、「知徳一致」「知行一致」という言葉で「徳」を語っている。彼によればこうなる。徳（アレテー）とは、人間の魂の優秀性のことである。人を人たらしめるもの、魂の優れた働きを生み出すものが徳である。そして、大事な徳は「正義」であり「善」である。「徳は知である」との信念に基づいて、まずは徳を知ることを重視するが、知るだけでなく行動につなげることも重視する。というより、本当に徳を知れば実践や生き方もそれに導かれるのだ。「正義の知」「善の知」を実践と一致させ、「正しく生きる」「善く生きる」ことが大切である。これが「知徳一致」であり「知行一致」という信条になる。

プラトンになると、「四元徳」という言説が有名である。彼によればこうなる。人間の魂は、指導的な「理性」と、意欲を持って行動する「気概」と、本能で動く「欲望」との三部分に分けられる。この魂の三部分に対処する三つの徳と、三つの徳を調和させる徳、計四つの徳が重要で、これらを四元徳と呼ぶ。理性部分の徳が「知恵」、気概部分の徳が「勇気」、欲望部分の徳が「節制」であり、三つを調和させる徳が「正義」である。国家においては先の三つの徳を三階級が分担するのが理想であり、統治者階級が理性を、軍人階級が勇気を、生産者階級が節制を分担する。特に、指導的な統治者には善を認識する哲学者がなるべきで、そうなった政治を哲人政治と呼ぶ。こうして三階級が三つの徳を備えると、国家全体の秩序が正しくなって正義の徳が生まれる。

ソクラテスとプラトンの哲学について、「徳」に関する箇所に絞れば以上のようになる。

徳倫理学の古典的確立

「徳」はソクラテスやプラトンでもすでにキーワードになっていたのだが、現代の倫理学で功利主義や義務論と並べて論じられるのは、プラトンの弟子アリストテレス（紀元前三八四―三二二）によって確立された徳倫理学である。以下、アリストテレスが語る徳倫理学を四段階で説明する。

第一段階。徳とは、魂に本来備わっている優れた性質であり、つまりは「卓越性」である。徳は人間のみに宿っているのではなく、事物にもその事物としての徳があり、その事物が「よき状態」となって、この世に存在する目的を最もよく果たすことが、徳を発揮するということである。そして人間の場合も、「よき人間」となって、人間としての徳を発見し実現することが、幸福なのである。その人間の徳は、「知性的徳」と「倫理的徳」に分類される。

第二段階。「知性的徳」とは、知性の理論的な働きをよくする徳である。その代表例として「観想」と「思慮」を挙げることができる。観想（テオリア）とは、実用的な目的から離れて純粋に真理を考察することで、何かのためでなく知ることそのものを目的として知ろうとすることである。人間の最も優れた能力である理性を働かせるという、人生における最高の活動が、この「観想」である。もう一つの思慮（フロネーシス）とは、行動や態度の適切さを判断することで、具体的な状況において適切な振る舞いを導くものである。人間の営みは「観想→実践→制作」とだんだんと現実的なものになっていくが、その実践（プラクシス）と制作（ポイエシス）を適切に判断するのが、この「思慮」である。

第三段階。「倫理的徳」とは、行動や態度をよくする徳である。さまざまな欲求や感情が出てくる場面でそれを適度に統制する習慣を身につけることになるので、別名「習慣的徳」とも「習性的徳」とも呼ばれる。倫理的徳の代表例に友愛（フィリア）があり、これは人柄のよさを持つ者どうしが絆を結ぶということである。

第四段階。倫理的徳の中でも柱になるのが、「中庸」の徳である。中庸（メソテース）とは、過度と不足の、あるいは過大と過小の、適切な中間である。両極端を避けるということだが、たんに「足して二で割る」とか「どっちつかずの無難な線」ということではなく、その都度の状況に最も適した具体的な「ほどよさ」である。たとえば「勇気」は蛮勇（無謀）と卑怯（臆病）との中庸であり、「温和」は短気と無怒の中庸である。これらの例が示すように、つまりは「適切な真ん中の道」が「中庸」なのである。

以上のように、アリストテレスの徳の倫理、特に中庸の徳という倫理は、倫理規範の典型例として思想史に刻まれている。

徳倫理学の今日的再生

アリストテレスの（そしてソクラテス、プラトンの）徳の議論は倫理思想史にずっと残ってきたが、中世から近代にかけて大きく焦点化されることはなかった。それを今日的に再生させ議論の前面に持ち出したのは、アンスコム（一九一九―二〇〇一、イギリス）であり、マッキンタイア（一九二九―、イギリス→アメリカ）である。

アンスコムは、一九五八年の論文「現代の道徳哲学」で次のように主張している。カントや功利主義者たちの論は規範倫理学として説得力がない。私たちは、アリストテレスの「知性的徳と倫理的徳」に立ち返るべきである。西洋社会は中世から近代にかけて、キリスト教の影響が強かったこともあって、倫理的な規則や義務のあり方を「神の立法」に頼っていた。倫理として本来論じるべきなのは「よさ」であるのに、「神」やその代理物である「法」による「正しさ」の論にしてきたのは間違いである。そして、神を信じない人が増えた現代においてこそ、「規則」や「義務」でなく「徳」をテーマとすべきである。

マッキンタイアは、一九八一年の著作『美徳なき時代』で次のように主張している。古代から現代まで、「徳」の語られ方はあまりに多様であったので広く薄くなった観があるが、中心になる徳の概念はたしかにあるので、そこをまず踏まえるべきである。徳とは、「それを所有し実践することで善が獲得される、人間の性質」である。徳は、個人に人格的な統合性をもたらし、他者との共同における自己実現をもたらす。この徳を、歴史から学び取って現代の文脈で復活させ、今日の倫理の柱とすべきである。

彼女たち（アンスコムは女性）の他にも、アリストテレス倫理学を現代の社会問題に適応させようとするフット（一九二〇―二〇一〇、イギリス）、功利主義や義務論からの徳倫理学批判に反批判するハーストハウス（一九四三―、ニュージーランド）、伝統主義や保守主義とは一線を画した現代リベラル派として徳を語るヌスバウム（一九四七―、アメリカ）といった論客（今挙げた三人も女性）が出てきて、徳倫理学は現代の一大論陣となりつつある。

2　徳倫理学と、功利主義・義務論

なぜ今、徳倫理学が見直されているのか

二〇世紀後半から二一世紀初頭にかけて、なぜ徳倫理学が見直され、その議論が注目されているのだろうか。私は、そこには、功利主義 vs 義務論という、二〇世紀の論争への批判があると見ている。より踏み込んで言えば、その二〇世紀論争が成果に乏しかったことへの反省があると見ている。

ここまでで述べたように、功利主義と義務論は規範倫理学では対照的な理論だと見なされている。政治的・経済的には、功利主義的自由主義が一九世紀のイギリスと二〇世紀のアメリカを最先進国にした。その「豊かさ」に対して、「格差はどうするのか」「物は豊かでも心は豊かなのか」と反問する論があり、その論の一つに倫理学の世界では義務論があった。しかし、議論がかみ合って発展的に問題を解決した、とはなっていない。私が推察するに、功利主義も義務論も、中世・近代史で帯びた「神がかり」性で方針を決めつけているか、そうでなければ逆に「神」を取っ払って、現代には割り切りやすい尺度である「経済効果」や「法的合理性」に走ってしまうか、そのどちらかになってしまっていると、ある種の倫理学者たちには見えたのではないか。彼らには、「功利性」や「義務」を掲げても二〇世紀に目立ち始めた人間社会のゆがみのようなものを解決できそうにはないと、思えたの

ではないか。

そこで、人間の「行為の正しさ」よりも「性格そのもの」に着目してこそ倫理であり道徳である、という思いが出てきたのではないか。功利主義は明らかに「行為」を、しかもその「結果」を重視している。義務論は結果にはこだわらないが、「意志」つまり動機や始め方にこだわるということはやはり「行為」を見ていることになる。「性格」つまり「人となり」に焦点を当てることで、何か新しい議論の地平が開けるのでは……そんな思いが、ある倫理学者たちや倫理に関心を持つ人々に、生まれたのではないか。A派とB派の論争が生産的でないように思えたとき、第三の道を探すとか、原点に返るといった思潮は、歴史にもしばしば生まれている。徳倫理学の今日的再生も、そうした思潮の現れと言える。

徳倫理学と功利主義と義務論の区別・整理

ここで、徳倫理学というものを確認し、功利主義と義務論もう一度引き合いに出しながらまとめておこう。三つの規範理論の区別と整理をしておく。

「人の性格」に着目するのが徳倫理学である。他方、「人の行為」に着目するのが功利主義と義務論である。その「行為」の「よさ」に「正しさ」が伴わずとも、「結果としてのよさ」を求めるのが功利主義である。対照的に、その「行為」の「よさ」に「正しさ」を伴わせて「よくて正しい意志」を求めるのが義務論である。

徳倫理学は「よき性格」を求める。「行為」を無視しているわけではないが、優先課題とはしていない。むしろ、知性と倫理習性を身につけていれば行為にも反映されるのだから知性的徳と倫理的徳に尽力すればよい、と考える。

功利主義は帰結主義的目的論だから、行為が届く方向を重視するし、その行為の効力を重視する。そして、結果として幸福総量が増えることを目ざすから、諸条件を比較考量して最大期待値が算出された行為を選択することになる。

義務論は善意志と普遍法則を求めるから、正しさを見極めて常に正しくあろうとする姿勢を価値ありとする。善であり正でもあることを志し、それが達成できなくても容認するが、達成できないかもしれないからといって、志が曇ってよいとは認めない。

徳倫理学は、功利主義や義務論と対立しているのか

徳倫理学が、「非生産的な(?)」功利主義・義務論論争に一石を投じるのだとしたら、徳倫理学は功利主義と義務論への対抗勢力として出てきたということになるのだろうか。功利主義と義務論に対立して、「徳倫理学があればあちらの二つは規範理論としては不要になる」という主張が出てくるのだろうか。こんなふうに問題を設定して比較・整理をしてみよう。

まず、功利主義と義務論とを見比べると、前者は「ゴールとしての結果」に注目しているのに後者は「義務を守る動機づけ」に注目しているということで、両者は対立的に理解されやすい。そこに徳倫理学を並べてみると、徳倫理学はあくまで「性格」を見ているので、功利主義や義務論と視点が違うだけで、対抗・対立勢力であるわけではない、という結論が導かれる。実際、ある種の「徳ある性格」の人間が「功利的行為」に進むこともあるだろうし、別の「徳ある性格」の人間が「義務的行為」に進むこともあるだろう。功利主義が主張する美点の一部分が、ある人に「徳」として取り込まれる可能性はあるし、義務論が主張する美点の一部分が、別の人に「徳」として取り込まれる可能性もある。

こう考えてくると、徳倫理学は、功利主義と義務論の「土台」か「背景」であるのかもしれない、あるいは「補完物」になるのかもしれない、とも思えてくる。功利主義と義務論とは二者択一的に扱うことができるが、徳倫理学と功利主義と義務論とを三者択一するという場面を想定するのは奇妙である。よって、徳倫理学が功利主義・義務論と対立している、という図式は成り立たないと考えられる。

なお、「功利主義は帰結主義的目的論である」と前に語ったので、それと類比して徳倫理学について語ればこうなる。徳倫理学は、「行為の結果は問わない」という意味では「非帰結主義」である。それでいながら、「卓越した性格というゴールは見据えている」という意味では「目的論」である。

3　徳倫理学と、現代の応用倫理学

徳倫理学は生命・環境倫理に何をもたらすか

ここまでに述べてきたように、今日の徳倫理学の浮上が「功利主義 vs 義務論」論争に飽き足らないムードを背景にしているとはいえ、功利主義と義務論とを否定して「第三の道」を指し示す、というものではない。二〇世紀終盤から二一世紀序盤にかけて、生命倫理と環境倫理で課題とされていることに対して、「功利主義でも義務論でも解決できなかったことを徳倫理学なら解決できる」というものでもない。

しかし徳倫理学は、「行為よりも性格」と語ることで、議論を掘り下げる力は持ちうる。「この医療技術で人は救われるのか。むしろ人間という存在がゆがめられるのではないか」という議論とは別に、「そもそもその救いとはどうなることを言うのか」などと根本から問い直す力を持ちうる。また、「その産業技術は富を増やすのか。むしろ環境を破壊して人類の首も絞めるのではないか」という議論とは別に、「その富で人はよくなるのか。自然と人間とは折り合いやすくなるのか」などと新しい切り口で問いかける力も持ちうる。よって、徳倫理学の議論がもたらす考え方にも照らしてみることが、生命倫理と環境倫理の考察にとって有意義になるとは言えそうだ。

生命倫理を「人としての徳」から問う

生命倫理の諸課題において、功利主義は「この医療はその患者にとっての効用を高めるか」とか、「これで医療資源が増えて使いやすくなり、関与者全員の幸福総量に寄与するか」といった価値基準での判断を迫ってくる。また、義務論は「この治療選択は義務にかなうのか」とか、「この段階で生かすか死なせるかを決めることは、人間の尊厳にふさわしいことか」といった価値基準での判断を迫ってくる。

そうした問いは場の必要性に応じて考えるとして、「徳」というアプローチは別の意味を持つと期待できる。たとえば、徳とは「人間らしい卓越性」であるから、その観点から延命の是非や人体改良の適否を問いかけることができる。それによって、社会的効用や人間的責務という観点だけでは見えてこなかった論点を掘り起こせて、納得する人が増える結論を語れるかもしれない。「この技術を追求すれば、病気治療には効果が上がるかもしれないが、使い方によっては〝人間〟という性質を変えてしまう。そこはどうするのか」といった議論を進めるうえでも、「人としての徳」という問題視点は、私たちの思考と決断に役立つ可能性がある。

環境倫理を「それぞれのものの徳」から問う

環境倫理の諸問題において、功利主義は「この産業技術で世界の富はどこまで増えるか」とか、

「環境基準をどこまで厳しくすれば恩恵と負担との最適値に落ち着くのか」といった議論を立てようとする。また、義務論は「先進国の環境対策が義務なら、途上国にその義務はまだないとどこまで言えるのか」とか、「自然に生かされている人間は自然の範囲内で暮らすことがそもそも義務ではないのか」といった議論を立てようとする。

そうした議論も並行して行うとして、「徳」の倫理は別の視点を与えてくれる。「徳とは人間に限らず事物それぞれの卓越性としてもある」という立場からすると、「人の徳すなわち人として本来的に持つべき特性」を尊重するなら「道具や技術の本来性」「諸生物の本来性」「自然の本来性」にも目を向けて環境を考えよう、という立論が可能となる。そうすると、「利益が増えるか、減るか」とか「誰のどれほどの責任か」といった議論だけでは気づかなかった課題が見えてきて、そこに取り組むことが「利益」「責任」という問題をも包括する解決策を構想させてくれるかもしれない。

このように、アリストテレスが古典的に確立し、今日において改めて脚光を浴び再生している徳倫理学の議論を、「温故知新」の境地で、現代の応用倫理学の諸課題に役立てる手は、十分にありそうである。

第Ⅱ部

生命・環境倫理と倫理学理論

第4章　生命倫理と倫理学理論

1　パーソン論と倫理学理論

パーソン論をめぐる論争

この第Ⅱ部では、第Ⅰ部で紹介した功利主義、義務論、徳倫理学といった規範倫理学の理論から生命・環境倫理の諸問題にどんな答えを導き出せるか、を考えてみる。従来、規範倫理学の議論と応用倫理学の諸問題の議論とは別個に語られることが多かったが、そこをなるべく重ね合わせて考えながら、「プラクティカル」な現代の倫理を追究しようとするのが、本書の目的の一つでもあるからだ。まずは生命倫理でよく持ち出される「パーソン論」を取り上げ、それが功利主義、義務論、徳倫理学からどう弁護できるか、あるいはどう批判できるか、という組み立てでアプローチしてみよう。

パーソン論とは、パーソン（生命倫理の論争では「人格」と訳される）が備わっているか否かを、人としての生存権の有無の指標とする論である。アメリカの生命倫理学者トゥーリー（一九四一―）が、一九七二年の論文「人工妊娠中絶と嬰児殺し」で唱え、急進的な中絶容認論と位置づけられた（邦訳は『バイオエシックスの基礎――欧米の「生命倫理」論』および『妊娠中絶の生命倫理――哲学者たちは何を議論したか』に収録されている）。彼はこう唱える。パーソン（人格）とは自己意識の持続的主体であり、そうであってこそ生存権を有する。よって、胎児はまだパーソンになっていないので、産む大人の都合で中絶することは、妊娠一〇か月のどの時期であっても容認される。生まれた後の嬰児（新生児）でさえ、まだ自分で自分がわかっていないのだから、たとえば重い病気や障害があって積極的な治療を施さずに死なせても、容認される。

トゥーリーの言うパーソンとは、過去・現在・未来という時間持続の中で自分のストーリーを描ける人ということだから、赤子は「まだパーソンではない」と、認知症高齢者は「もうパーソンではない」と見られてしまう。障害児の中絶や治療差し控え、高齢者の放置を正当化する論になりやすく、精神障害者を排除する理屈にもなりうる。障害者や難病者の支援団体には、「パーソン論は強者の都合で弱者を切り捨てる暴論だ」と見る人が多い。生命倫理学者の中でも、パーソン論賛同者よりは批判者の方が多い。

パーソン論は一九七〇～八〇年代の生命倫理学者たちに大きな論争を呼んだ。たとえばドイツのエンゲルハート（一九四一―）は一九八二年の論文「医学における人格の概念」で、トゥーリーが「厳密な意味での人格」に生存権の幅を狭めすぎているとし、「社会的な意味での人格」という概念を提示する。そして胎児を思いやるカップル、老親をいたわる子たちからすれば相手は社会的には人格と言えるとし、生存権の幅を広げる方向でパーソン論を修正しようとしている。また、たとえば森岡正博（一九五八―）は一九八八年の著作『生命学への招待』（その中の「パーソン論の射程」という章）で、人格を生存権の基準とすること自体に反対し、「私と、その私にとってかけがえのない他者」という人間関係の倫理を重視する他者関係論を提唱している。

功利主義はパーソン論を支持するか

以上のようにパーソン論とそれをめぐる論争を略述したうえで、規範倫理学の理論がどう応答しそうかを推論してみよう。まずは功利主義から入る。

パーソン論が「強者の都合での弱者切り捨て」なのだとすると、どの倫理学理論からも擁護しにくいのだが、「社会全体の功利性を考えた倫理の一種」と見なせるなら、功利主義からパーソン論を支持する立論は可能となる。その立論を次のようにしてみよう。「弱者切り捨て」と批判されやすいが、それは誤解である。むしろ、生きられる者に社会の資源を適切に配分して救済の最大効用を図る倫理である。全員を救うには医療や人手や金銭が足りない場合、「生き残りやすい人、次に社会の支え手になってくれそうな人」にそれらを優先的集中的に配分するのは理にかなっている。「多数者の幸福」を考えてはいるので最初から受益者を絞り込もうと思ってはいない。だが、社会的資源に限りがあるなら、それを薄めてばら撒いても幸福総量は増えない。「有望なところ」に資源を優先的集中的につぎ込むというのは、あってよいことである。その優先・集中の線引きとして、「人格であること」は有力な基準となりうる。以上のような理屈が考えられる。

この理屈は、ある程度の説得力を持つ。たとえば、医療現場には「トリアージ」という考え方がある。災害や事故で多数の負傷者が出ているとする。長時間かけて広範で潤沢な医療資源をもって対応できるなら負傷者全員に十分な治療をするのだが、緊急事態で近くには対応できる医療施設・医療者も限られている。ならば、ごく軽症で当面は放置しても大丈夫な負傷者と、あまりにも重傷で救えるかどうかが微妙であり手もかかりすぎる負傷者は治療対象から外して、今の条件で救える負傷者に精力を集中する、というわけである。パーソン論はそれと同じであり、適切な「選択と集中」の理論なのだ、という主張は出てきうる。ただし、緊急時のトリアージが、日常的長期的に予想できる胎児リスクや高齢者問題と類比できるかどうかは、検討の余地がある。

義務論はパーソン論と同じ「人格」を見ているか

義務論でも「人格」はキーワードとなっているが、それはパーソン論が言う人格と同じだろうか。カント的には、「自由でありながら自律のできる主体」が人格だということになる。これを「自分のことは自分でできる一人前の人物」とざっくり解釈すれば、パーソン論の人格と近いとも見える。しかし、意志や動機を重視し道徳法則に向かう努力目標のようなイメージにあるカント的義務論の「人格」と、大人の都合を振りかざすようなイメージにあるパーソン論の「人格」とでは、その言葉に託す目的が大きく違う。

カント的な「人格」の議論から、胎児や嬰児や高齢者を切り捨ててよいという結論は出てきそうにない。赤子がまだ自律を獲得していなくても、高齢者がもう自律を失いつつあるとしても、彼らの「努力目標」を否定して若い芽を摘んだり老木を早めに引き抜いたりすることは、義務論の方針とは合わないだろう。むしろ義務論は、赤子にも可能性があり高齢者にも功績があるという「人間の尊厳」を強調するだろう。よっておそらく、義務論者はパーソン論に同調しにくいと思われる。

徳倫理学はパーソン論を否定するか

ではさて、徳倫理学とパーソン論との親和性はどうだろうか。「人としての卓越性」を重んじる徳倫理学は、「人は生きてこそ卓越性に届く」という出発点を持つだろうから、「人殺し正当化」にもなりかねないパーソン論を「人の徳」に反するものと考えるだろう、と直感的には思える。「正義や友愛や中庸という人間的な長所」だとか「それらを備えた性格のよさ」をまさに徳目として掲げる徳倫理学から、「弱者切り捨て」という方針は出てきにくい。徳倫理学とパーソン論の親和性は薄い、と言えそうだ。

しかし、パーソン論が徳倫理学を裏切っているとは言い切れない側面もある。パーソン論は「自己意識の持続的主体」としての人格を基準とするから、「人格あってこそ人である。人になってからそこに徳がどう備わるかを語ろう」という論の立て方は可能となる。すると、パーソン論を受け入れたうえでその自己意識主体の徳を磨くために徳の倫理を語るという、パーソン論と徳倫理学を両立させる立ち位置はありうることになる。とはいえ、「徳のある人なら、あるいは徳を身につけようとする人なら、そもそもあんな弱者切り捨て論は言わない」と見れば、やはり徳倫理学とパーソン論とを同時に肯定する人は少ないだろう。

2　死の受容と倫理学理論

安楽死、尊厳死、死ぬ権利

まずはパーソン論を、妊娠中絶という出生をめぐる生命倫理論議の一例として持ち出したので、次は安楽死是非論を、死をめぐる生命倫理論議の一例として考え、規範倫理学の三つの理論と照らし合わせてみよう。なお、安楽死・尊厳死の「法制化」という現代的でまさにプラクティカルな問題は、第Ⅲ部の第9章で改めて扱うことにする。

安楽死は、「エウタナシア（よき死）」という古代ギリシア語があるように、古くから論じられ、時に実施されてきたものである。そこに最近は、「尊厳死（デス・ウィズ・ディグニティ）」という新しい呼び名も登場して、あえて死を選ぶことを正当化する議論がある。特に、自己決定や自己責任が強調されやすい今日にあっては、「死ぬ権利」が称揚される趨勢すらある。病気が重くなったり老衰が深まったりすれば、そしてどうせ死期が近いのなら、「無理やりに」「無駄な」延命をするのはやめて「潔く」死を選ぶべきだ、という主張は倫理的に正しいと言えるのだろうか。

今の日本だと、次のような論調が出てきている。本人が死を覚悟しているとはいえ、致死薬を投与する積極的安楽死はさすがにやりすぎかもしれず、反対派を増やすのでそうは言うまい。しかし、延命治療を差し控える（つまり開始しない）、あるいは中止する（つまり開始はしたがどこかで取りやめる）消極的安楽死なら、「無駄に長生き」せずにすむのだから賛成派が多くいるだろう。そしてそこに「尊厳を守るためにも（つまり「生き恥」をさらさないためにも）」という理屈が加われば、さらに容認されやすいだろう。本人の自己決定によるのなら、「こうなったらいっそ死を」という選択も一つの権利である。以上のような論調で「死ぬ権利」を認めることは、倫理にかなっているだろうか。

倫理学理論から導きうる肯定論

では、功利主義、義務論、徳倫理学という規範倫理学の理論から、安楽死肯定論がどう導き出せるか、推論してみよう。

まず功利主義からは、以下のように安楽死を肯定する論が十分に立てられそうである。重病や老衰は、生きることで得られる効用の低下であり、もはや本人にとって快楽も利益も期待できない。周囲の人にとっても医療や介護などで負担となり、社会的な幸福総量を減少させる。本人の「死を選ぶ意志」が確認されているなら、延命治療の不開始あるいは中止は容認される。むしろ歓迎されるとさえ言ってよいかもしれない。

次に義務論から見ると、功利主義ほど「十分に肯定できる」とは行かないが、以下のように安楽死肯定論が立てられうる。自律的に道徳法則に向かう意志を持ち、人間としての尊厳にかなおうとするのが、私たちの義務である。ところが、病気や老化から心身の自律を失い尊厳に沿えない生き方になるのなら、義務を果たせないことになる。義務論はやれることの結果にはこだわらないとはいえ、義務に取り組もうとする気も失せているのなら、死で終止符を打つのも一つの選択である。

最後に徳倫理学から見ると、やはり「十分に」ではなくとも以下のような安楽死肯定論は可能である。「観想」や「思慮」という知性的徳や、「中庸」という倫理的徳（習慣的徳）を重視する立場からすると、その知性や習慣がその人の性格に刻まれ、できるだけ実行されることを望みたい。いつも完壁に実行せよとは言わないが、そもそも実行に限界が出てきたとはっきりしているのなら、徳を積めない人生は早く切り上げてもよい。

以上のように推論すると、功利主義からは強い肯定論が、義務論と徳倫理学からはそれよりは弱い肯定論が、導けそうである。

倫理学理論から導きうる否定論

それでは逆に、それぞれから安楽死否定論が導き出せるか、推論してみよう。

まず功利主義からはこう否定論が語れる。効用にせよ快や利にせよ、生きながらえてこそありうるものである。死んだらその可能性がなくなる。病気などで「期待値」が下がるとしてもゼロではない。年をとったら若いころとは違う人生の楽しみ方や役割の果たし方がありうる。功利や効用を「壮健者基準」以外で考えることによって、安楽死を招きよせるのでない「安楽な長生き」はありうる。

次に義務論からはこう否定論が語れる。自律は重要だが、それを「機能」としてではなく「意志」として考えるのが義務論である。身体機能が衰えたから自律の義務に反したなどと言うべきではない。意欲や頭脳が衰えたとしても、残された力と周囲からの支援で頑張ってみるのは十分に尊いことであり、まさに人間の尊厳を守っていると言える。早めに死ぬことで得られる尊厳などない。

最後に徳倫理学からはこう否定論が語れる。徳とは、その人の人生全体で培われるものである。無力な赤子として生まれ、少しずつ成熟し、やがて衰え、枯れ果てていくところまで含めて人間である。最盛期だけが徳を磨き発揮する時期だと考えるのは間違いである。枯れていく年齢ならではの徳の磨き方はあるし、その枯れていく人を見守るのが次世代の人の徳でもある。

肯定論か、否定論か

以上のように、安楽死あるいは尊厳死に対しては、功利主義、義務論、徳倫理学のいずれからも、肯定論にも否定論にも進むことが可能である。しかし比較考量すれば、功利主義が最も安楽死肯定論に進む駆動力がかかりやすい。そして今の世の中を見渡すと、自己決定万能主義の趨勢もあって、安楽死肯定に傾きがちである。

特に功利主義が「医療財政の危機」や「社会資源の配分」といった議論と結びつくと、「無駄に長生きせずさっさと死のう」という話になりやすい。ましてや日本は、急速に経済成長と長寿化を遂げたので、欧米先進諸国には例のないこの成功を「異常」と見なして、急速さゆえの負の副産物にばかり目が行き、「高齢化は問題だ」とする考え方がけっこう強い。そして、個人主義的な「死に方を決めるのも私自身」という発想からというよりむしろ、共同主義的な「我欲で長生きを求めるのでなく周囲への負担を考慮すべき」という発想から、「迷惑にならないように安楽死しよう」という主張が前に出やすい。

しかし、「経済効率」や「負担削減」ばかりが倫理ではないはずである。功利主義でさえ安楽死否定論を導きうることは先ほど述べた。また、「尊厳」とは「生き恥をさらさないこと」とイコールではない。義務論の「人間の尊厳」とは、「人間は誰でも、いつも尊重されて生きるに値する」という文脈で成り立つ理念なのであって、「迷惑だし本人も恥ずかしいだろうから早く死なせよう」という文脈で語られるものではないだろう。そして、徳倫理学の立場からもこう言える。人間の徳目として「潔さ」を挙げ、それを死の局面で語ることは可能ではある。だが、死にたがる人に「あなたにはまだ生きる価値があるし、それを私も一日でも長く共有したい」と語りかける隣人がいたら、そう語る人の徳は高く評価できる。

人はいつかは死ぬ。死を永遠に拒否することはできない。それでは、「真っ当に生き抜き、死へと早まることなく、それでも最後には死を受容する」倫理とは、どのようなものになるのか。その答えは簡単には出せないが、少なくとも次のようには言える。親などの先人の死をいくつも見送った後でやがては自分が死を見送られる番になるのだから、そしてその死が次世代の人たちに記憶されるのだから、死は「私個人の勝手」ではなく「共有される」ものである。そう理解して、見送り方と見送られ方を考えるのが倫理である。

3　移植・再生医療と倫理学理論

脳死への賛否両論、移植医療の限界、再生医療の希望

日本で、脳死を条件つきで「人の死」と認め、脳死者からの臓器移植を容認する法律が初めて作られたのが一九九七年、その条件を緩めて脳死者からの移植をしやすくする（つまり、脳死を人の死と認めないことはしにくくする）法律改正（あるいは改悪）がなされたのが二〇〇九年である。脳死を「人の死」と認めること、そこから臓器を摘出することに、今もなお反対する意見が何割かは存在する日本の現状を、「移植後進国」と皮肉る声もあるが、アメリカなどの「移植先進国」で問題が指摘されると、「賛否両論がある日本の世論の方がまだ健全」との声も上がる。とはいえ、一九九七年ごろでも二〇〇九年ごろでも、世論調査では賛成派の方が多いので、ここでは「やや劣勢な」反対派の意見もきちんと踏まえながら、どうなっていくのが倫理にかなうかを考えてみよう。

脳死を「人の死」とすることに根強い抵抗感を持つ人は確実に存在する。「首から下を機械で生かしているだけだから諦めろと言われるが、全身が機能停止したわけではない。移植の便宜のために人類史の死の定義を変えるのは拙速だ」と抵抗する意見が、その代表的なものである。たしかに、延命装置に頼っているのが脳死状態だが、新しい医療技術のおかげで生きながらえている人は他にも多く

いる。「脳が止まったら人間終わりだ」とも言われるが、最近の脳科学研究からは、従来なら止まったと見なされる脳に残存機能が発見される事例があるし、脳波読み取りの先端研究が昏睡状態の人とのコミュニケーションを可能とする日が来るかもしれない。

さらに、「脳死を認めることで多数の臓器不全者を救えるのだから」とも言われるのだが、「移植先進国」が臓器不全者を確実に「救えて」いるかはわからない。他者からの移植には拒絶反応や感染症のリスクがつきまとい、「移植しなかった方が長生きできたかも」という症例はある。移植に頼れると考えて自前の臓器で維持しようとしない「依存効果」が生じて、他者の臓器を期待する患者や医師が増えれば、結局のところ数は追いつかない。「同じ体格、同じ血液型の人が明日にでも脳死になってくれないかな」と願う心情は、倫理的に歓迎できない。

すると、移植医療の便宜のために二〇世紀終盤に作られた「脳死」という定義では、抜本的な解決にはならないと言える。他者からの移植というここ数十年の試みは、生物の自己同一性を崩すという無理をしているし、早めに臓器を差し出させられる人と受け取りやすい人の格差さえ生むかもしれない。ならば抜本策は「自己再生医療」であろう。自己組織を、骨髄などの幹細胞やｉＰＳ細胞を活用して再生させるという方法である。心筋梗塞患者の自己組織から本人専用の心筋シートを作成して弱った心臓に貼り付ける試みなど、臨床研究レベルではすでにいくつか始まっている。まだ研究途上ではあるが、抜本策になるならこちらに力を注ぎ、脳死移植は「つなぎ」の「緊急避難」として限定的に使う、というのが本道ではないか。

「脳死者をどんどん認めて移植を増やせ」は倫理的か

さて、「つなぎ」と考えるべきだとしても、今いる臓器不全者にとっては切実である。「限定」などされたくない患者や医療者はいる。そこでこの問題についても、功利主義、義務論、徳倫理学からの検討を行い、「限定などせず、脳死者をどんどん認めて移植を増やすべきだ」と主張するのは倫理的かどうかを考えてみる。

まず功利主義者なら、この主張に多分賛成するだろう。「どうせ間もなく死ぬ人」には「早めに諦めて」もらって、臓器を「それがあれば助かりそうな人」にさっさと回すのは、資源の有効利用であり社会全体の幸福の増大だと解釈できるからだ。ただし、功利主義に立ちながら反対する立論も次のように可能ではある。「どうせ間もなく死ぬ」と言うが、一週間どころか一年も一〇年も生き延びた例があり、それを負担と感じず喜びと感じる周囲の人々がいれば、「早めに諦め」ないことが幸福の増大である。レシピエント（臓器の受け取り手）の延命効果や感染症対策負担を冷徹に計算したら、「助かりそう」とは声高には言えず、こちらの幸福増大期待値はそれほど高くないかもしれない。こう立論することも可能ではあるが、やはり功利主義者がストレートに語りやすいのは、先の賛成論の方であろう。

次に義務論者はどう言うだろうか。賛成論も、反対論も、同程度の強さで出てくる可能性がある。「このいのちは私にとって、私の家族にとって大切ではあるが、同じく自分のいのちを守りたい人たちはいる。ならばいのちの贈与も時には義務となる」という脳死・移植賛成論は十分に可能である。しかし一方、「人間はまずその人ひとりとして最後まで尊重されねばならない。早めの死を受け入れて他者に譲れと言うのは、一人間を切り裂くことになるから尊厳違反である」という反対論も十分に可能である。隣人愛は大切で時には犠牲も尊いという論と、その犠牲が人間一人ひとりの尊厳を掘り崩しかねないという反対論とが、相半ばしそうである。

最後に徳倫理学者ならどうか。これは賛成と反対のどちらとも言い難いと思われる。「何が人の徳か」という基準によって変わりそうだからである。「正義こそ徳」という説に従ったとしても、我が身を投げ出してでも他者を救うべきだという正義観もあれば、立場の弱い者を諦めに追い込むべきでないという正義観もある。ましてや「行為よりも人間本来の性格としての徳」と言われたら、どんな態度決定が徳にかなうかは、さらに微妙になる。自分が脳死になりそうな患者だったら？　その家族だったら？　その医療者だったら？　他の臓器不全患者側の医療者だったら？　立場によって徳の力点も変わってくるかもしれない。

「他者からの移植はやめて自己再生医療へ」と提案されたら？

先ほど述べたように、脳死・移植には、死の定義への疑問や他者臓器に依存することの不安定さという大問題がある。そこで、抜本策として自己再生医療を考えることは、それなりに理にかなっている。では、「他者からの移植はやめて自己再生医療へ転換すべきだ」と言われたら、功利主義、義務論、徳倫理学からはどんな答えが返ってくるだろうか。ここも推論しておこう。

まず、功利主義者は多分、賛成はするだろう。ただし、「自己再生医療の実現に何十年もかかるなら、現状の脳死・移植も必要だ」とすかさず付け加えるだろう。次に、義務論者も多分、そして功利主義者よりも強く、賛成するだろう。義務論者は「成果」よりも「意図」や「正しいプロセス」に重きを置くから、「より理想の医療へ」と主張することにためらいはないだろう。最後に、徳倫理学者も賛成するだろう。徳の基本は「そのものらしさ」であるので、「その人がその本来性に従って生きること」を重視するだろうし、すると「自分の一部を再活性化させて自分を治す」という自己再生は、まさに理にかなっていることになる。自己再生医療という方法は、「そのものらしさ」という徳の理念と、見事に一致している。

「過渡期の医療」として脳死・移植をどう認めるか

このように自己再生医療は、規範倫理学の諸理論の支持を得られそうな方針ではあるが、研究途上にあってすぐ実現するわけではない。皮膚の自家移植くらいならすでに臨床応用されているが、骨髄液や臓器となると、今すぐ自前で十分に再生できるとは言えない。すると、自己再生医療までのあと数十年の「過渡期の医療」として、他者からの移植はどう認められるだろうか。心臓停止・呼吸停止・瞳孔散大に基づく「三徴候死」を待ってからでも腎臓や角膜の摘出・移植利用は間に合うが、心臓と肝臓は「生きたまま」でないと間に合わない。だから「首から下だけ生きている」時点で死と判定して摘出させてほしい。このために「脳死を作った」、と言われる。こうした経緯にある脳死を、二一世紀前半という「過渡期」に、どこまで認められるだろうか。この点も、功利主義、義務論、徳倫理学に照らす形で推論しておこう。

まず功利主義者は、二一世紀初頭の「移植先進国」型の現状を肯定することを優先しそうである。つまり、脳死も脳死者からの移植も、たとえここ数十年限定だとしても積極的に認めるであろう。功利主義者は「今の効用」を求めるだろうから、「将来の理想のために今は抑制せよ」とは言わないだろう。次に義務論者は、功利主義者よりは「理想の医療へ向かう義務」の方を強調しそうである。とはいえ、「今年、来年、臓器不全で死ぬかもしれない人に脳死者からの移植を許可してはいけない」とまでは言うまい。最後に徳倫理学者もやはり、「本来性重視」という立場から再生医療に重点を置きそうである。しかし、瀕死の臓器不全者を前にして無策でいることも友愛という徳には合わないので、他者からの移植も脳死も厳しくチェックはしながら限定的に認める、と言いそうである。

以上のように、いずれの立場に立っても、将来的な理想はともかく、現状の脳死・移植を禁止せよという結論は出しにくい。それでも、「脳死・移植は、せいぜい二〇世紀終盤から二一世紀前半の過渡期の医療である」という命題は、ここに改めて提起しておきたい。脳死者からの移植という手法は、生命体の本質、自然性にも合わないし、他者人体の部品化は、商業主義や格差の倫理的問題を生みやすい。他者の卵子を部品化するＥＳ細胞も、過渡期のみの研究材料にとどめ、体内の幹細胞やｉＰＳ細胞で全て再生医療に臨床応用できるところまでたどり着いてほしい。そうなれば、他者を犠牲にする医療から卒業できるのだから。だとすると、この「過渡期」のみに要請され作られた「脳死」という概念も、人類史は必要としなくなるのではないか。

第5章　環境倫理と倫理学理論

1　自然中心主義と倫理学理論

自然中心主義、そして「自然の権利」思想の主張

前章「生命倫理と倫理学理論」では、生命倫理での論争を規範倫理学の理論に照らす形で扱い、「パーソン論」「安楽死と尊厳死」「脳死・移植と再生医療」という目立ちやすいスポットを選んで論じてみた。本章では、環境倫理での論争を規範倫理学理論に照らしてみる。環境倫理については、「環境倫理の根本問題は包括的にはこの三大テーマ」という枠組が応用倫理学の議論で定着してきている（詳しくは『ベーシック 生命・環境倫理』一二八―九頁を参照）ので、それに沿って論じてみる。ま

ずは「第一テーマ」として「自然中心主義、あるいは自然の権利」を取り上げて概略を説明し、そのうえで功利主義、義務論、徳倫理学に順次照らして推論する、という手法をとることにする。

まずは、自然中心主義とは、そして自然の権利とは、という話からである。簡単にまとめると、その主張は次のようになる。

二〇世紀後半、地域ごとの公害にとどまらず地球全体の環境危機が意識されるようになった。それでも経済発展維持を前提とするささやかな環境保護策しか出されていないのはなぜか。これは、環境保護といっても所詮は「人間中心主義」でしかなかったからではないか。つまり、人間のみを主役の座に置き、周囲の自然物を人間にとって役立つかどうかという「道具的価値」で測り、人間の長期的利用のために守るという「保全」の対象としか見なかったからではないか。

よってこれからは、この「浅いエコロジー」を抜本的に改めて、本当に自然環境を守る「深いエコロジー」に転換すべきである。それは「人間中心主義」をやめて「自然中心主義」にする、ということである。人間以外の自然の諸生物も、そして生物でないものも、それぞれが自然界の主役なのである。自然物それぞれにそれ自体の尊さである「内在的価値」を見出し、そのものとして絶対的に守るという「保存」をこそすべきである。この主役の座を保障するために、人間以外の諸生物にも、さらには生物でないものにも、その存在をむやみには侵害されない権利を認めよう。これを包括的に「自然の権利」と呼ぼう。

以上のように、「道具的価値より内在的価値」「保全より保存」というスローガンを掲げて、「人間中心から自然中心に転換せよ。その保障のために自然の権利を認めよ」と主張するのが、自然中心主義であり、「自然の権利」思想である。

功利主義は自然中心主義をどう批判するか

自然中心主義そのものが持つ弱点と、その弱点指摘を受け止めつつどんな教訓とすればよいかについては、『ベーシック 生命・環境倫理』で述べているので参照してほしい。ここでは、規範倫理学の諸理論に照らして自然中心主義がどう擁護あるいは批判されるかを考えることにする。まずは功利主義に照らしてみて、自然中心主義が批判されやすい面を持つことを論じよう。

功利主義は、社会全体の幸福総量を考える。その社会の構成員は人間であることが、暗黙の前提になっている。つまり功利主義から導かれる環境保護は、人間のための環境の「保全」にとどまるという宿命を持つ。「最大多数の最大幸福」とは、人間にとっての最大効用のことであるから、その文脈で環境を考えることになる。

功利主義は多分、狭い利己主義にはならない範囲での、「マイルド」な人間中心主義なのであろう。人間の立場を優先的に考えるが、特定の階層・地域・時代の人間の都合には縛られないようにして、長期的に、広範囲に、人間の快や利を維持しよう、と主張するだろう。一方、人間の快や利を抑制して自然のために尽くせと言われるなら、功利主義は真っ向から反対するだろう。「禁欲が善なのではなく快の追求こそ善だ。皆がそう思って社会全体が活性化するならそれでよいではないか」という、ある種の開き直りを功利主義は示す。こうして考えると、「自然中心などと主張するのは、人間の幸福を減らせと言うことであり、許容できない。人間が人間を中心に考えて何が悪いのか。それをやめよと発言する人は、ただの偽善者だ」という、自然中心主義批判が出てきそうである。

ただし、功利主義でよしとするなら、環境問題については「開き直り」ばかりでなく真摯な弁明もしてもらう必要がある。それは、「自然中心とまで言わなくても環境は守れる」と説得的に語ることである。「保全で十分だ」と言うなら、それが長期的にじわじわ人類の首を絞めることにならないという、「良き快楽計算」を提示できるか、そこが功利主義からの自然中心主義批判が有効かどうかのカギとなる。

義務論は「自然を中心に」「自然にも権利を」と命じるか

次に義務論に照らしてみよう。義務論から、「人間の都合で事を運ばずに自然全体を中心に据えて考えよ」「自然の権利も人間の権利と同様に尊重せよ」といった「命法」を、人々は胸に刻めるだろうか。

義務論は「普遍法則」を求め「善意志」を重視する。その姿勢を自然尊重というテーマに向けるなら、「自然をありのままに保存することも人間の義務である」と主張することは可能ではある。しかし、カントや彼に近い論者たちは、「人と人とのやり取り」での義務を主に語っていた。あるいは、神を仰ぎ見ての義務や人類全体の目標のような義務を語っていた。そうした義務論を、「自然界に向き合うとき」の義務としても語れるかは疑問である。なぜそう言えるのか説明しよう。

「人間の自由・自律・尊厳」を義務論は重視する。そこから類比的に「自然物それぞれの尊厳」を論じることは不可能ではない。しかし、「人格」だから自由でありながら自律もできるというのがカントの理解であり、人間以外の生物の本能や自然界の摂理を、人格と同等の「自由かつ自律」とは見ていない。「人格」の論は「自然物にも内在的価値あり」との論に直結はしないことになる。

やはり義務論は、「人と人」（信仰心の強い人なら「人と神」も）の話である。自然尊重を義務として語るとしても、「人と人の共存の地平としての自然を守ろう」との言い方に落ち着くのではないか。功利主義のように「自然は利用対象、道具でかまわない」とは言わないだろうが、「人間同士が共存して互いの義務を果たし続けようとするには、自然を含む環境が安定的に持続していることも必要だから、自然を尊重することにも気を配ろう」という見方が、義務論にとっての妥当な線であろう。すると、「自然を中心に」ではなく「中心は人間」となり、「自然にも権利を」ではなく「権利者は人間」となる。とはいえ、その人間を傍若無人な権利の乱用者として許すことはしないのが義務論である。「中心」というのは「自覚的な責任者」という意味であり、「権利者」というのは「人間相互の権利の擁護者かつチェック者」という意味である、という但し書きが付くだろう。

徳倫理学は「諸生物の徳」「自然界の徳」まで主張するか

最後に徳倫理学に照らしてみて、自然中心主義を唱えること、「自然にも権利を」と語ることが、徳にかなうかどうかを考えよう。徳にかなう、と結論づけるとすれば、それは「人間以外の諸生物にも徳があるから、それを尊重して見守るべきだ。諸生物は、人間と関わりを持つ場合も、人間の都合でねじ曲げられるのでなくそれ自身の徳の発揮となるようにすべきだ」と主張することになりそうである。そして、「生物に限らず、自然界にある諸々の存在物は、その徳に合う形で人間と共存できる」と主張することになりそうである。そこまでたどり着けるだろうか。

さて、アリストテレスの徳とは元々、人間に限らないそのものの卓越性や本来性を意味した。すると、「人間以外の自然も徳を有する」との説は無理せずとも出てくる。自然中心主義の「内在的価値」という主張は、「それぞれのものに徳がある」という徳の論と、親和性がある。おそらく徳倫理学が、功利主義よりも、義務論よりも、「自然も主役だ」「人間以外も権利者だ」という主張を、最も弁護しやすい位置にある。

しかし、徳倫理学が自然中心主義に大賛成かと言えば、そう簡単には行かない問題点が二つある。第一に、「それぞれのものの徳」を何だと認定するか、という問題点がある。人間から見て、あるものは、天から与えられた栄養物だから取って食べてよいし、そうすることがそのものの徳にかなっている、となる。他方で別のあるものは、神の化身としてこの世に遣わされたものだから食用とするのは徳に反している、となる。この判別は誰がどうやってできるのか。宗教・民族・地域・歴史によっても違いがありそうだ。「これが徳だ。これが内在的価値だ」という判断が人間の知性によってなされ、相対主義的に決まるのなら、自然中心主義は限りなく人間知性依存主義だということになる。

第二に、徳を人間以外のものにも認めるとしても、やはり主要課題が「人間の徳」なのは変わらない、ということが問題点になる。「取って食べるのが徳にかなうか、反するか」という例につなげて語ればこうなる。食用とすることがその対象物にとって徳なのかを、人間は考えているのではない。考えているのは、それが人間にとって栄養になるか、美味であるか、満腹感を得られるか、マイナスの副作用はないか、である。人間らしい知性と習慣を発揮し続けるのが「人間の徳」ならば、「自然に人間を合わせる」のでなく「人間に自然を合わせる」ことを徳倫理学は求めるかもしれない。つまり、自然への「肩入れ」が人間の徳の発揮を妨げるなら、徳倫理学は自然中心主義を弁護するのをやめて、人間中心の考え方に回帰する論を立てるかもしれない。ただしその回帰とは、自然中心主義が批判するような人間中心主義を是とするということではなく、徳のある人間として振る舞い、傍若無人な自然破壊はしない、ということに落ち着くだろう。

2　世代間倫理と倫理学理論

世代間倫理の主張

環境倫理三大テーマの「第二テーマ」として、「世代間倫理」に話を移そう。まずはその概略説明から入る。

環境問題とは、今の自分たちのためにどうするかというよりは、未来の人々のためにどうするかという問題である。つまり、私が生きている間はまだ大丈夫かもしれないが、数十年後、数百年後には破局が訪れそうだから、未来世代のために今からやっておくべきことがあるのではないか、という問題である。ならば、環境悪化や資源枯渇を防止して廃棄物処理や自然再生に取り組むことが未来への責任であろう。現代に生きる者たちのことばかり考えず、現代世代から未来世代にまたがる世代間の責任倫理で、環境保護を進めよう。

なるほど、こう言う人もいる。「未来予測など当たらないから心配しても徒労に終わる」「現代の目の前のことに専心すべきで未来のことはその世代の人がやればよい」「タイムマシンで行き来することはできないから現代世代と未来世代が約束を交わすのは不可能だ」と。しかし、技術文明がこんなにも強大化し、その影響が世界規模で見えてしまうようになった今なら、広範囲に目配りして先々まで予知しようと心がけ、技術をその負の側面も考えながら監視する責任はあるだろう。世代間倫理の元祖とされる、ドイツの哲学者ヨナス（一九〇三—九三）は、「恐れに基づく発見術」をもって未来を予測せよ、と訴える。未来は不確定とはいえ取り返しのつかない最悪の事態が予測されるなら回避する行動を取れ、と語る。未来世代の人々も責任ある行動を取り続けられるように行動しておくのが私たち現代世代の責任だ、というのがヨナスの結論である（ヨナスについては『ベーシック　生命・環境倫理』一六七—七三頁で詳しく解説している）。

功利主義は「未来世代の利益」まで守れるか

世代間倫理の主張に対しては、弱点を指摘できるしそれを踏まえての教訓も語れるが、そこはやはり『ベーシック　生命・環境倫理』に譲って、ここでは規範倫理学理論に照らしての考察を試みよう。まずは功利主義に照らしてみる。

功利主義は「最大多数の最大幸福」を目ざす。その多数者とは「今、ここ」の人々であり、基本的に「未来」は配慮外である（実は「倫理」そのものが「共同する人々の黙約」なのだから、遠くにある時間と空間を包括しにくいという宿命を持つ）。しかも功利主義は、帰結主義として成果が目の前に見えることを求めるから、切り離された「遠い時代や場所」のために「今、ここ」に我慢を強いる発想は持たない。功利主義は世代間倫理を支持しない、未来世代の利益までは守らない、というのが当面の回答となる。

しかし、「切り離されていると言ってよいか」と問い直せば、功利主義が「未来世代も功利の範囲内」と認める余地は出てくる。「私の幸せ」を「子や孫に続く幸せ」につなげて考える人、直系の子孫がいなくても次世代に微笑みかけたいと願う人はいる。「我が町だけでなくお隣も豊かになれば喜び合える」という考えは幸福の増大である。このように時間と空間は、身近から順々に遠くまで連続して視野に収めることができ、そこの幸せを我が幸せとする考え方は、功利主義からも導き出しうる。

ましてや、情報ネットワークは緊密になり、コンピュータ・シミュレーションは精度が上がっている。「未来のことはわからない」「遠方のことは知らない」と言ってはいられない時代になった。中近東での不幸な争いは「よそごと」ではなく、見知った人が直接巻き込まれる可能性は昔より高いし、石油利権による貧富差が背景にあるなら、日本で享受している豊かさの「しわ寄せ」かもしれない。エネルギー枯渇や地球温暖化は、もはや「今、ここにある危機」と呼ぶべきだろう。

世代間倫理を「未来の遠方の人のための見返りのない労苦」としてしまうと、功利主義とは相容れなくなるが、「今、ここの私たちと地続きの関心事」と考えられれば、「多数者の幸せ」というテーマにつながる。また、より普遍的に言うと、「未来世代のために頑張る今の私たち」に生きがいを見出せるなら、世代間倫理は現代世代の幸福を増大させうる。

義務論は「未来への責任も義務だ」と言い切るか

次に、世代間倫理を義務論に照らしてみるとどう推論できるだろうか。「責任」という言葉は「責務」と近いし、「責務」という言葉は「義務」に近い。置き換えやすい概念だから、「世代間倫理が責任の倫理であるなら義務の倫理とも呼べる。義務論は未来世代への責任も義務だと言うはずだ」との仮説が成り立つ。また、義務論は「普遍性」を追求するから、いつでもどこでも通用するものとして「未来にも通じる行動規範」を肯定する。そして、義務論は「善意志」を重視するから、先々の結果はともかく善かれと思って立ち向かう「未来志向」を肯定する。こう考えると義務論は世代間倫理を擁護しやすい、と当面は言える。

とはいえ、これで全て丸く収まるわけではない。「未来も今と同様に守れ。それが責任だ」と言いすぎると、「今は我慢することが義務」という話になってしまいかねない。それは禁欲的な苦行ばかりの義務論となり、「自由で自律的な主体として行動できて、幸福とも一致する」というカントの「最高善」という目標から遠ざかることになる。本人が幸せだ、喜びだと思えない義務は、長続きしないだろうし、そもそも義務論の求めるところではないだろう。

よって、こう言えるだろう。世代間倫理に義務論は貢献できるし、義務論者たちが世代間倫理を世に説得的に語ってくれることは期待したい。だからこそ、「果たすことが幸せ」と思える義務を考えたい。ここは工夫して我慢しよう、と言われたり自分で考えたりするときに、分かち合う負担に納得いく指標が示せるかが、一つのカギとなるのではないか。未来への責任を背負うことが、自身のやりがいであり称賛の対象でもあれば、嬉しい義務となりうる。

徳倫理学は「人の徳として未来を守れ」と要求するか

最後に、徳倫理学に照らしてみるとどうか。アリストテレスの知性的徳である「観想」は、目の前の活動から距離を置いて事態を理性的に見ることであるから、そこに「未来予測」的な知恵を含めることは可能である。また、倫理的（習慣的）徳である「中庸」は、どちらの極端にも走らない真ん中の王道を目ざすから、そこに「長期的節度」を見出すことも可能である。そしてまた、徳とは「人としての卓越性」であるから、時空を超えた未来世代を守る振る舞いを求めることも、徳の一つとして称揚されるであろう。「人の徳として未来を守れ」との主張は十分可能である。

ただし、その遂行を命令することまでは、徳倫理学はしないだろう。徳倫理学は「行為」よりも「性格」に関心を向ける。未来への責任を意識することは人間の徳の一つとして求めても、責任を「果たす」ことに焦点を当ててはいない。つまり、「徳をもって未来のことも考えよ」とは言えるが、それは心がけにとどまる。ましてや現代世代の集団的実践となると、徳倫理学がその約束を迫る役割は果たせないだろう。

第3章で、徳倫理学は、ゴールは見据えているという意味では「目的論」であるが、行為の結果は問わないという意味では「非帰結主義」であると述べた。成果を出せるかまでは語らないのが徳倫理学の宿命であり、その点では義務論も同じなのだが、徳倫理学は「習慣」にはこだわるし「思慮（フロネーシス）」という実践的知性も語っている。たった今「心がけにとどまる」と述べたが、その心がけが「実践知」にまで届くなら、徳倫理学が世代間倫理を後押しする力は持ちうるかもしれない。

3　地球全体主義と倫理学理論

地球全体主義の主張

環境倫理三大テーマの「第三テーマ」として、「地球全体主義」に話題を移す。やはり、まず概略を説明する。次のような主張になっている。

環境問題は、かつては地域ごと、国ごとの「公害問題」であり、企業ごとの対策を行政が監督すればよいという内政問題であった。しかし今や、地域限定の汚染にとどまらず地球丸ごとの破壊という段階に来ている。大気も水も国境で止まらないから影響が国をまたぐのは当たり前だが、昔は工業国が少なく規模も小さかったから、「ささやかな問題」ですんでいた。あるいは、本当は「ささやか」ではなく深刻だったのかもしれないが、「大きな発展に比べれば些末な害でしかない」と意図的に過小評価されていた。ところが世界中が産業化し工業や経済の規模も大きくなったから、資源枯渇や廃棄物増加を深刻に受け止めて、地球全体の限界を考える必要が出てきた。もはや「地球の有限性」を自覚して環境問題を考えるべきである。そして「地球全体の利益」を優先して産業と環境のバランスを考えるべきである。個人や個々の企業や国々にそれぞれの利害はあろうが、それは二の次として地球全体の環境対策をまとめて打ち出すべき時期に来ている。

そして具体的にはこうすべきである。地球環境破壊を世界共通課題として早急にくい止める必要があるのだから、世界の全体的な管理機構を作ろう。資源の保全にせよ廃棄物の抑制にせよ、個別の利害を時には抑え込んでも全体をまとめる強制力を樹立して対処しよう。自由かつ平等という近代民主主義の理想はなるべく維持したいが、地球存亡の危機になって人類が滅亡しては元も子もないのだから、多少は強権的になっても地球全体の環境維持を優先しよう。地球環境統合本部のようなものが必要かもしれない。

功利主義は地球全体主義と一致しているのか

地球全体主義（地球有限主義と呼ばれることもある）に対しては、「全体主義」批判も含めて弱点指摘ができる。その弱点と、それでもなお汲み取れる教訓については『ベーシック 生命・環境倫理』に譲って、ここでは功利主義、義務論、徳倫理学から地球全体主義がどの程度擁護できるかを考えてみよう。まずは功利主義から。

功利主義は地球全体主義と一致しているのだろうか。「全体の利益を目ざす」という目的は一致しているように見える。全体に利益や快楽が増大する（減少しない）ようにする功利主義は、環境悪化が限界を超えて人類の首を絞めるのなら予防せよと言うだろう。「地球全体の功利」という論は成立しうる。

しかし、功利主義の出発点は個人である。個人の快・利の追求が構成員全体の快・利の総和としての幸福につながる、という立場にある。よって、全体優先という目標が先に出てくることはない。近代史に芽生えた個人主義の、ある種の「合理的な」説明として功利主義は唱えられたのだから、国家や民族や人類といった「全体」を既存の価値として尊重するために個人個人の望みは我慢せよ、という方針には従えないだろう。

近代史そして現代史にも、帝国主義戦争下の「全体主義」があり、東西対立下の「共産主義」があった。それらは、全体優先の正当性を訴えていたようでありながら実は排他的支配や平等抑圧という負の側面が強かった。歴史上、全体主義的なものは成功していないし、今の国連でさえ民族・宗教対立に世界ぐるみの解決を示せていない。今度は地球環境がテーマだとはいえ、全体主義は自由の抑圧を伴い、全体のためと言いながら一部の特権者だけに利するという危険性がある。個人個人の自由が第一だとする功利主義とは対立するとさえ言える。

よって功利主義は、「個人があってこその全体」という図式が保証されないと、地球全体主義を擁護することはできないだろう。地球全体主義が構成員を個人個人として幸福にする制度を設計できたときに初めて、功利主義と地球全体主義は一致点を見出せるだろう。

義務論は「地球優先」を義務づけられるか

次に義務論から、地球全体主義を考えてみる。義務論という規範の理論は、「地球優先」を義務づけてくるのだろうか。やすやすとそうだとは言えない。義務論の主体と対象はあくまで「人」である。「個人が全体に従え」という義務づけが、義務論の一か条として出てくるとは思えない。むしろ、「そこで言う全体とは何者なのか。結局は現在の権力者や富裕者のことではないのか。それだとある人間が別の人間を支配することでしかなく、一人ひとりの尊厳を重んじる義務論とは相容れない」との反論が出てくるだろう。やはり、個人の「自由かつ自律」と他者の「尊厳」を尊重する義務論は、全体優先の主義主張とは別物である。

ただし、義務論から地球全体主義を擁護することは不可能ではない。個人の自由を認めるあまり利己心がついつい前に出ることを戒めよ、他者も尊重すると言いながらついつい仲間内ばかりで広い他者配慮を怠ることを戒めよ、という自己命令なら義務論にかなう。この考え方から「時には自分と自分の周辺ばかりに関心を注ぐのをやめて、広く全体に奉仕することも義務だと考えよ。広く隣人同士のお互いさまの意識を持ちなさい」とは言える。

よって、とりあえずこうまとめられる。「人と人との相互行為」を広く全体化する、という方針で義務論を立て、それによって地球全体主義が目ざしている中身を擁護することは可能である。しかし、「地球全体」という枠組を頭ごなしに持ってくることを義務論は肯定しない。その代わりに、「人をきちんと見る」という義務論は、個人抑圧や弱者支配にもなりかねない地球全体主義の弱点を修正する方向に向かうだろう。それができるなら、地球の多くの人を救いうるかもしれない。

徳倫理学は「全体のことを優先せよ」とどこまで言うか

最後に徳倫理学から考えてみる。徳倫理学の理論は、「全体のことを優先せよ。それも徳である」とどこまで言うだろうか。たしかに、アリストテレスは「友愛」という倫理的徳を説いていたし、「人間は社会的動物である」と見抜いていた。隣人に思いやりを示すこと、社会あっての自分であると自戒することは、人間らしい立派な知性と習慣である。そこから「自分のことばかりにこだわらずに全体に配慮することも徳である」とは言いうる。

しかし、徳の議論は「人格形成」や「人としての振る舞い方」を中心としている。それは、「地球全体の利益をどうするか」という話とは縁遠いところにある。「社会的動物」だから「もちつもたれつ」を意識せよとは言えるが、「地球の環境対策として個人の自制を求める」という主張を徳目のように打ち出すのは、論脈が飛躍しすぎている。そもそも、「性格のよさ」を追求する徳倫理学が、地球のシステムとそれを扱う対策の原理を論じられるかは疑問である。

よって、こうまとめておこう。徳倫理学は、「人として」の徳の論にとどまる（「事物の徳」の話はこの文脈では外しておく）。焦点を当てるのは個人の内面、広げるとしても、個人と個人が社会的に関わりながらどう自分を磨きどうお互いに影響し合うかである。プラトンのように、徳の論を国家規模の階級論につなげて全体のあるべき姿を語ることは可能だが、それは国家全体という大枠を優先的に造るという意図によるものではない。焦点はあくまで「人の性格」であり、「徳を発揮する人どうしの組み合わせ」がうまく行けば国家もうまく機能する、ということである。徳倫理学がその「人どうし」の範囲を広げれば、世界各所での人々それぞれの役割を語ることで地球環境にまで議論を及ばせることは可能である。ただしそれは「地球全体」からスタートする地球全体主義とはアプローチが逆であろう。

どうやら、徳倫理学は（そしてその前に見た義務論も、あるいはその前の功利主義でさえも）、「人と人」から推論するので、地球全体主義とつなげる議論がしにくそうだ。あるいは、地球全体主義の方が、倫理という文脈で語るよりも、政治決断という文脈で語るのがふさわしいものなのかもしれない。

第6章　「生命圏」倫理と倫理学理論

1　「生命」と「環境」をつなぐ思想

「内的環境」と「外的環境」

本書は、生命倫理の議論と環境倫理の議論を統合的に見通して、「生命圏」という概念枠で倫理を考えようと企てている。伝統的な議論と応用倫理学の論争を紹介しながらそこへの考察を加えようとすると、どうしても「生命編」「環境編」と別々にコーナーを設けてしまうことになるのだが、本章では、「いのちと環境は統合的に語れる」という理念から、その統合的な場面を説く試みに取り組もう。

まずは、どう統合されるか、という話からである。端的な事実認識から入る。いのちは身体として「内的環境」であり、自然界や生活空間は「外的環境」であるから、物質循環はつながっている。いのちと環境はそもそも連続的であり統合的である。人間個体にとっては生命活動を支える身体が内的環境であり、空気や水や食物をもたらす自然界そして地球が外的環境であり、こうした身体の内と外の循環を連続的に安定させるのが内外環境統合体である。

そもそも「いのち」はどこにあるのか。心臓だけではないし脳だけでもない。身体丸ごとと見るにしても、口蓋から食道そして胃腸というパイプ部分は、厳密には皮膚の外でありさまざまな菌類が存在して物質を流通させている場所だから、「外的」環境とも言える。生命個体という一見「閉じた系」でさえ、どこが閉じる境界線かは判然としない。二〇世紀の代表的な環境思想家である、レオポルド（一八七七―一九四八）の土地倫理論やネス（一九一二―二〇〇九）のディープエコロジー論には、人間を大地に根を張る植物と類比的に見る生命観がある（『ベーシック　生命・環境倫理』一五二―五頁で詳しく説明しているので参照してほしい）。それにならえば、内外環境はまさにつながっており、それを統合的な「生命圏」と見なすことができる。

つながる「生命圏」とその倫理

「いのちは内と外がつながっているというのは当たり前であって、つなぐことをあえて言わなくてもいいではないか」と思う人もいるだろう。それでもあえて強調するのは、それなりに理由がある。従来の生命倫理にはいのちを「狭める」議論だというイメージがあり、環境倫理には「広げる」議論だというイメージがあり、この二つの倫理を「つなぐ」議論は軽んじられてきた面があるからだ。この点について、『ベーシック 生命・環境倫理』で書いたことと少し重複するが、改めて説明しておこう。

従来の生命倫理は、生存権者を狭める方向で論じられてきたと言われ、パーソン論がその特徴を示しているとされてきた。他方、従来の環境倫理は、生存権者を広げる方向で論じられてきたと言われ、自然中心主義がその特徴を示しているとされてきた。しかし、パーソン論が生命倫理を、自然中心主義が環境倫理を、中心的な思想として代表しているわけではない。非パーソン論の生命倫理学者、非自然中心主義の環境倫理学者は多数いる。

狭めるのでなく「生きる者の範囲を広げる生命倫理」は十分可能であり、広げるばかりでなく「人間を中心責任者として集約的に考える環境倫理」は十分可能である。実際、障害胎児の保護を訴える生命倫理論や、自然に対する人間の監督的役割を主張する環境倫理論は、確実に存在している。

むしろ、狭まる方向と広がる方向、内を見る視座と外を見る視座、これらが往復し循環するのが「生命圏」なのである。よって、いのちと環境をつなげる思想、つながりを常に再発見する思想こそが倫理なのだと言える。ならば、生命倫理と環境倫理を連続的な議論に取り込み、「生命圏倫理学」

として統合的に語る企てには、建設的意味がある。

2　「生命圏」を考える試金石としての「遺伝子組み換え作物」問題

いのちと環境がつながる場面であり、時代の最先端のプラクティカルな問題場面として、「遺伝子組み換え作物」のことを考えてみよう。というのも、この問題は、いのちを守るのか蝕むのか、環境を良い意味で改変するのか台無しにするのか、これらを同時に問う「生命圏の試金石」になるからだ。先端技術の功罪、経済の力学のオモテとウラといった、良くも悪くも現代的な問題も巻き込むことになる。それを、農学や理工学や経済学から論じるための基盤として、倫理から考えることが何を生み出すか、試してみよう。

遺伝子組み換え作物とは何か

まず、遺伝子組み換え作物とは何か。人為的な遺伝子操作を加えた食用の農作物、と説明できる。自然界にも適応や突然変異による遺伝子変化はあるし、そこを利用して世代交代を特定の方向に導く品種改良はある。しかし、医・農・工の技術で一気に性質を変えるところが違う。異なる生物の遺伝子をうまく組み込むことで、従来なかった特殊な能力を持たせるのである。

たとえば、殺虫力をつけたトウモロコシ。人間にとっておいしく栄養ある実は、虫にとってもそうである。人間と「倫理協定」を結ばず「食い散らかす」虫を、一匹一匹取り除くのは重労働だから、殺虫剤を散布する。しかしこれも手間とカネがかかるので、初めから殺虫という特殊能力をトウモロコシに組み込んで虫がつかなくするのだ。しかし、「虫も食わない」実を、人間が食べても大丈夫だろうか。安全は実証済みだと言うが、人体に何十年も蓄積されても、子や孫の代になっても、健康被害は出ないとは言い切れない。

またたとえば、除草剤耐久力をつけたダイズ。ダイズにとって育ちやすい土壌は、他の草にとってもそうである。「雑草」の地位を自覚せず養分を「横取り」する草を、一本一本引き抜くのは重労働だから、除草剤を散布する。しかし一挙に散布するとダイズまで「除草」されかねないので、初めからダイズだけは耐久力を組み込んでおくのだ。しかし、「自然界にも適応による遺伝子変化はある」。野生の草木に耐久力がついたらもっと強い除草剤と耐久性ダイズ、さらに野生が追いついてきたらもっと……こうして生態系はねじ曲がっていくかもしれない。

そしてまたたとえば、日もちしやすくなったトマト。堅くて青い果実は、熟して赤色になり、ジュクジュクの深紅色になる。この中間の賞味期間が短いことが流通にも保存にも不利なので、商品価値を長くするために「日もち」能力を組み込んでおくのだ。しかしなかなか「熟さない」トマト、自然物らしい「腐敗」を受け入れない果実は、人体になじむのか。商品としては便利だろうが、子々孫々まで安全に人間を育ててくれるのか。私たちは、桜の満開が数日でなく数週間だったらなあと夢想するが、夢想にとどまるから美しいことも知っている。見るものならまだいい。食べるものだと、ロマンか悪夢かですまず、生命の危険に直結する。

遺伝子組み換えは生命圏の課題

やはり遺伝子組み換え作物の是非は、生命圏を考える格好の課題である。「毒にも薬にもなる」ので扱いが難しい。「遺伝子組み換えではありません」が商品価値となる日本の消費状況は、安全意識が高いとも言えるが、カネ持ちの贅沢とも言えるからだ。人口増が続く世界の現実においては、効率的増産で食糧を供給して「いのち」を支えている面もある。たしかに新しい農作物が広がることは、「環境」の変化を招く。組み換えられた遺伝子の存在が、生態系を壊すかもしれない。しかし、「採集」から「農耕」に文明段階が移った時代からすでに、人類は自然環境を変化させていたのだから、「あそこまではよいがここから先はダメ」と決めるのも、独善にすぎないかもしれない。

さて、「いのちを守る」ことは、効率を上げて生産量を増やすことか。それとも安全性の確保か。「危険なものを入れるな」という消費者運動は、アフリカの飢餓に苦しむ国にはどう聞こえるのだろう。「環境を守る」ことは、農地とその周辺地域をコントロールすることか。それとも自然に任せることか。自然愛好家を自称して休日だけ環境保護運動にいそしむ「都会人」は、山海の恵みも災いも生業《なりわい》の中で受け止める「田舎人」にはどう見えるのだろう。遺伝子組み換え作物に警鐘を鳴らすとしても、こうした広い問題意識を伴わないと、説得力が出てこない。

遺伝子組み換え作物に透けて見える問題は、「内と外」が連続する「生命圏」としてトータルに考える必要がある。「いのちと環境」のみならず「日本と世界」「都市と地方」「人為と自然」など、対比的なものと統合されるものとが微妙に絡み合っている。この点に留意して考えていこう。

3　倫理学理論から見る遺伝子組み換え作物

本書ではここまで、生命倫理と環境倫理の問題を功利主義、義務論、徳倫理学という代表的な規範倫理学の理論から照らして考える企てをしてきた。ここでもその推論に取り組んでみよう。まずは功利主義から。

功利主義は「組み換えで生産性を向上！」とばかり言うか

功利主義は多数者の幸福を目ざすから、「遺伝子組み換え作物で生産性を向上しよう」と言いそうである。農業の省力化、食糧の効率的増産、流通の安定化によって生産者も消費者も助かるなら、倫理的にも好ましいかもしれない。

しかし、この工業的な農業の現状には問題点がある。組み換え作物の種苗がアメリカの一部企業の独占になっているのである。一度手に入れれば翌年からは自前で、とはできないように仕組まれており、毎年買い直さないと栽培を始められない。それでも生産効率は高いし安定供給・流通につながるので、大規模農家には「歓迎」されるらしい。この農業の独占的資本主義化、一部企業による世界支配は、各国各地が築いてきた伝統的農業を崩壊させ、世の平等をも破壊するかもしれない。

この「種苗独占資本」については、具体例を挙げて説明しよう。アメリカのミズーリ州に「モンサント」という企業がある。一九〇一年に設立され、化学薬品や農薬を製造していた。一九六〇年代には、アメリカ軍がベトナム戦争で使った「枯葉剤」（障害児が生まれる原因になるなど、戦争終結後も禍根を残した）を製造した。この企業が一九七〇年代から造り始めたのが、「ラウンドアップ」という商品名の強力な除草剤である。そしてその後、このラウンドアップに耐性を持つ遺伝子組み換えのダイズやトウモロコシなどを開発し、「ラウンドアップレディー（Roundup Ready）」と総称している。近年は、ラウンドアップとラウンドアップレディーを「セット販売」し、ラウンドアップレディー種苗は毎年買い直さねばならない契約にしている。農家が契約に反して二年目に第二世代の種を自家採種して使おうものなら、知的財産権侵害だとして訴訟を起こす（最近は、第二世代の種は発芽できない「ターミネーター遺伝子」を組み込んだ品種まで用意している）。一度契約した農家はずっと支配下に置かれ、その地に存在した伝統農法や売買習俗は破壊される。今やモンサント社は、「バイオメジャー」資本として世界中の穀物生産を牛耳っている。

また、栽培する農業従事者の健康被害が、一部からは報告されている。食の安全への心配、生態系への悪影響もささやかれる。こうした負の側面があるなら、社会的な利益に反することになる。遺伝子組み換え産業がこれらの問題点の解決に向かわないなら、功利主義から賛成ばかりはされないだろう。

義務論は「組み換えは人間の尊厳に合わない」と言うか

義務論からはどうか。「組み換えはあまりにも作為的で人間らしい尊厳に沿った営みとは思えない」とか「短絡的利益追求で長期的には不安を与え、〝人類〟を尊重していない」と見れば、遺伝子組み換え作物は人間の尊厳に合わない、尊厳や普遍性を脅かす義務違反だ、という声が上がりそうである。農業従事者をカネ儲けと効率で振り回し、余裕がない消費者（高価でも安全なものを選ぶという選択肢を取れない国情や家庭事情にある消費者）を犠牲にするのではないか。こんな追い詰められた状況下では、個人の自由も自律も成り立たないのではないか。まずはこう考えられる。

しかし、「農作業を軽減させるため」「世界中に食糧を調達するため」と主張されると、それなら人類の義務にかなっているのかな、とも思える。遺伝子組み換え作物がなくなったら、農業従事者の収入は減るかもしれないし、世界人口は養えないかもしれない。

それでも、義務論は「普遍性」や「正しさと善意志」を価値ありとするのだから、企業の資本力に農業従事者が支配される現状があり、食物としても環境面でも長期的には不安を与える遺伝子組み換えには、その価値観からは疑問を呈してくるだろう。農業労働をどうするか、世界の食糧をどうするかについては、「こんな〝近視眼的〟ではない、もっと普遍的な」解決策を求めてくるだろう。

徳倫理学は組み換え問題に何か言えることがあるか

徳倫理学からはどうか。そもそも「性格」をテーマとする徳倫理学が、「行為」の最先端応用である遺伝子組み換え技術の農作物への導入に、直接に言えることは少ない、というのが直感である。それでも語るとすれば、否定的発言が出されるのかな、と一応は想像できる。「人の本来性」とそれを磨いた「卓越性」が徳であり、人以外でも「その物の本来性」が徳である、と考えるだろうから、「組み換えは本来性をゆがめる」との見解が導き出せる。だがそれを言うなら、二〇世紀までの品種改良レベルの農業も「徳に反する」となってしまいそうだ。元々自然界にもある適応を利用した品種改良と、遺伝子組み換えとはレベルが違うが、特異なものを集中的に掛け合わせる品種改良も五十歩百歩だ、との主張は出てきそうだ。

逆の路線から見ればこうも言える。徳イコール「ありのままの自然さ」、というわけではない。「本来性」とは「粗野なままでよい」ということではなくて、「長所を前面に出す」ことである。よって品種改良は、「特長」を最も強く引き出すことであるから、徳にかなっている。では遺伝子組み換えはどうか。「特長」と地続きにあるか、そこから遊離しているか、論ずる人によって違いがありそうだ。時代によっても、徳として要請されるものは変わってくるのかもしれない。では、今の時代を支えうる「人の徳」「事物の徳」とはどのようなものか。問いかけは広がり、組み換えそのものの是非論よりも、その技術を利用する人間の姿勢や社会に与える影響に関する議論になっていきそうだ。

4　生命圏倫理学が遺伝子組み換えに問いかけるもの

「生命と環境の統合」という視点から

これまでに触れた論点も含めて、「生命圏の倫理学」が遺伝子組み換え作物の問題に見出す問いかけを三点でまとめよう。第一には「生命と環境の統合」という視点からのまとめで、すでに出した論点を多く含む。第二には「自然と文明の共存」という視点からのまとめ、第三には「産業と生活の安定」という視点からのまとめで、これら第二と第三は、本書終盤の第12章でも問題意識の底流をなしていく。

まずは「生命と環境の統合」からである。遺伝子組み換え作物や遺伝子組み換え産業は、「生命」に貢献するだろうか。食糧増産供給という点では貢献する。しかし、「害虫」を殺す力は貢献とは逆の作用も持つ。農作業者あるいは食べた人の人体に、アレルギー性をもたらす不安がある。長期的には健康被害となりうる。

また、遺伝子組み換えは「環境」に貢献するだろうか。自然界の「適度なコントロール」に貢献するという可能性がなくはない。しかし、遺伝子組み換え作物の花粉や根から、その能力が植生に広がって生態系のバランスを崩せば、大きな自然破壊となり、貢献はせず損害を与える。

では、遺伝子組み換えによってもたらされるものは、人体の「内と外」をうまく循環するだろうか。十分な量の栄養物がスムーズに流通するだけなら「うまく」循環すると言えるかもしれない。しかし、新しい遺伝子のものが人類の世代交代の中で悪影響になる危険性もある。食べたものに含まれる遺伝子が体内で人間に伝染するわけではないが、免疫系などの人体反応が思いがけない方向に変化するかもしれない。

「自然と文明の共存」という視点から

次は「自然と文明の共存」からである。遺伝子組み換えは技術文明の「悪乗り」だろうか。そうかもしれない。とはいえ、人間は原始的自然には戻れない。農耕を始まりとしてここまで発展した文明が、七〇億人という人口を支えているのである。

「それにしても悪乗りしすぎだ」と言うなら、その前提として文明の「適度さ」とはどれくらいかを論じねばならない。数値化はできないが、とりあえず「持続的な安定性があること」が適度さの必要条件となりそうだ。すると、遺伝子組み換え作物のまだ浅い歴史の中で「害はないことを検証した」と言い放つのでなく、長期的な悪影響がないかどうかを慎重にチェックすべきだろう。

だからといって、悪影響が判明するかもしれないから組み換えを禁止せよ、と簡単には言えない。生産ストップによる別の悪影響が出るだろうから。ただ、すぐには禁止できなくても、「予防原則」という倫理は重視すべきだろう。予防原則とは、「深刻で不可逆な被害の恐れがあるなら、たとえ被害が科学的に確実だと言い切れなくても、前もって防いでおくべきだ」という原則である。つまり、「取り返しがつかない事態になりうるなら、害が立証されていなくても、予防策を先延ばしにするな」ということである。遺伝子組み換えの悪影響の恐れについては、「恐れていては何もやれない」と開き直るのではなく、「深刻で不可逆」「取り返しがつかない」の中身を、曖昧な楽観主義を拒否しながら精査すべきだろう。

「産業と生活の安定」という視点から

最後は「産業と生活の安定」からである。遺伝子組み換えは農業を救うだろうか。農業労働の軽減と収入の保障になるなら「救う」と言えるかもしれない。しかし、その地域に昔からあった諸作物の特性や、多様で個性のある農法や、農を含む共同的営みの伝統が無視されて、作る物も作り方も単一化されるなら、それは生活と文化の破壊である（「農」という捉え方については第12章第2節で詳しく検討する)。二〇世紀に発展途上国で存在したモノカルチャー経済の被支配を、二一世紀版に焼き直した隷属状態でしかなくなる。

組み換えは世界に食糧を行き渡らせるだろうか。量は増えるだろう。しかし、継続的で平等な生産・分配となるかどうかは、大いに疑問である。組み換え技術が特許のように占有され、特定の企業の利益独占になるなら、その地域の豊かさも平等も壊すことになる。最近の大規模農業は、工業的企業活動に組み込まれたアグリビジネス（agribusiness 農業関連産業）になっているが、これが別の意味でのアグリビジネス（ugly business 醜い産業）にならないように留意すべきだろう。

本章の最後に、組み換えは農・環境と一般市民をつなぐだろうか。そして農・食は一般市民と共に育つだろうか。そうあってほしい。しかし、組み換えはむしろ共生に反する作用を生みやすい。作った人の顔を思い浮かべながら食べたいとか、機会があれば農地で一緒に汗を流してみたいとか、そんな思いを消滅させるのが組み換えの生産方式である。この方式の下では、作る側と食べる側が分断される。そして、このアグリビジネスで儲ける人と支配される人、富者と貧者がもっと分断される。関与者みんながこの産業で等しく豊かになり、安定的な生活に満足するようになるとは、あまり思えない。

第Ⅲ部

新時代の「生命圏」と倫理

第7章　出生前診断の新技術と倫理

1　出生前診断の現代史

多数者に関わる出生前診断

第Ⅲ部では、ここ五年くらいで議論が噴出し今後一〇～二〇年の行方が注視される、まさにプラクティカルな問題を、生命・環境・生命圏への倫理的問いかけとして扱う。

まず第7章では、出生前診断について考える。出生前診断は一九七〇年代から実用化された技術で、診断といっても、胎児の治療よりも中絶につながりやすいことが倫理的には問題とされる。優生学、優生思想、優生政策という現代史の「影」の部分ともつながりやすい。そしてここ数年では、従来の診断技術の「弱点をクリア」した新技術が登場し、当の妊婦あるいはカップルはもとより、社会全体として選択を迫られる「プラクティカル」な問題となっている。

出生前診断は、妊娠約四〇週のうちの、早ければ六週ごろから胎児の健康状態を調べる技術である。発見しうる病気や障害の中には、胎児治療ができるものや、準備して出生後すぐ治療に取りかかれるものも少数はあるが、多くは長く付き合うことになる障害である。そこで「障害を抱えて生まれ育つのなら、いっそ中絶しよう」と考える人もいる。ここに「選択的中絶」の問題が生じる。経済的理由などによる中絶は「一般的中絶」と呼ばれ、これはこれで古くからある問題なのだが、選択的中絶の方は子の「顔色を見てから」選ぶので、一方からは「合理的選択」だと、他方からは「作為的で一般的中絶よりも悪質」だと見える。

一般的中絶は「私(たち)は避妊などの策を取っているから関わらずにすむ」と思っている人が多い(実際にはそう思っているほど簡単ではない)が、出生前診断とその次に起こりうる選択的中絶は、多くのカップルが考えることに直面する。出生前診断の情報はすでに出回っているし、子をもうけようかという段になるとカップルのほとんどが一度は頭をかすめるだろう。高齢出産は障害児の可能性が高くなるので、晩婚化・晩産化が進む日本では今後一層関心が寄せられるかもしれない。

出生前診断に対して、そしてそれに伴いやすい選択的中絶に対しては、いのちの尊さという倫理からは懸念する声が上がる。「障害児を、ひいては世にいる障害者を排除する差別になるから、自粛すべきだ」「そうは言っても、障害児本人と周りの人の負担や不幸を避けるためにはやってよい。社会の負担を減らすためには推進すべきとさえ言える」「いや、その負担という発想が、多様な人の共生という理念に反するのだ。ハンディがあっても助け合って共に育つべきだ」「でも、背負い切れない境遇の人もいる。障害があっても引き受けよと皆に要求することはできない」「最後は個々のカップルの選択の自由である。診断を受けるかどうかも、中絶まで進むかどうかも」……大まかにはこんな論調になっていることが多い。

一九七〇〜八〇年代、羊水診断の時代

出生前診断の種類と問題点の一覧はあちこちで見ることができるし、『ベーシック 生命・環境倫理』（第1章三〇—六頁）でも示したので、ここでは事の経緯に重点を置き、二〇世紀後半から時代を追って説明する。

まずは一九七〇〜八〇年代である。この時代の、選択的中絶につながる出生前診断と言えば羊水診断である（出生前「検査」、羊水「検査」という言葉もあるが、本書では「診断」で統一する。あえて区別を語れば、「検査」は検体の分析から数値を出すところまでで検査会社の請負、「診断」はその数値の読み取り判断も含む広い意味となり医師の責任ある医療行為である）。妊娠一五〜一八週の妊婦の羊水から胎児のＡＦＰ（アルファフェトプロテイン、タンパク質の一種）の量を調べて障害を発見する方法が、一九六〇年代のイギリスで開発され、七〇年代にはスクリーニング（妊婦の多数者を調べて胎児に対象となる障害があるかないかをふるい分ける検査）とされていった。七〇〜八〇年代には欧米諸国にも、「スクリーニング化」まで国策とするかどうかはともかく、広まっていった。

日本の七〇年代には、欧米とは違う「診断から中絶へという流れへの抵抗感」が存在した。そして先取りして述べておけば、この抵抗感は、世界に発信する生命倫理メッセージとして重要な手がかりとなる。象徴的な現象を三つ、ごく短く紹介する。一つ目。兵庫県が「不幸な子どもの生まれない対策室」を設置して羊水診断を県半額負担で広く実施しようとした。当時の県知事いわく、「健康な子は一生に二億円稼ぐが障害児は一生稼がず使うだけだ。だからそんな子は生まれない方がいい」。この政策は差別的であると県内外から反発を受け、数年で廃止された。二つ目。神奈川県で重症障害児を育てていた母親がその子を殺してしまった。町内会から減刑嘆願運動が起こったが、脳性マヒ者団体「青い芝の会」は、「母親を許せと嘆願することは障害児を殺してもよいと語ることになる」と、あえてこの運動を批判した。この批判が裁判所の判決を「有罪寄り」に動かすことはなかったが、その逆説的主張に障害者問題の根の深さを見出す人はかなりいた。三つ目。中絶容認法としても機能していた優生保護法について、「経済条項」（経済的理由から中絶を認める）を廃止して「胎児条項」（障害児であることを理由に中絶を認める）を追加する改正案が国会に上程された。障害者団体と野党の三年がかりの反対の末、改正案は不成立となった。イギリス・アメリカ・フランスなどが比較的「スムーズに」障害児事前排除に傾斜していった時代に、日本では一定程度の世論として「抵抗感」が表明され続けたことには、世界に向けてもっと語る意味がある。

一九九〇～二〇〇〇年代、母体血清マーカーテストの時代

次に一九九〇～二〇〇〇年代である。羊水診断は高価だし腹に針を刺すので流産の危険もある。安価で「手軽に受けられて安全」なものとして開発されたのが母体血清マーカーテスト（以下、「母体血検査」と表記）である。妊婦の腕からの採血でも胎児のＡＦＰが発見でき、ある程度の確率でいくつかの障害を予測できるようになったのである。初めはＡＦＰのみを指標とするシングルマーカーだったが、第二、第三の指標も重ねて精度を高め、九〇年代半ばに日本に広まりだしたころはトリプルマーカーテストであった（今は第四の指標も重ねたクワトロマーカーになっている）。すでに少子化時代であり、産科医院や検査会社にとっては「市場拡大」アイテムとなった。七〇年代からアメリカで起こっていたロングフルバース訴訟（医師が出生前診断のことを知らせずに障害児が生まれると、中絶機会を逸して「間違いだらけの出生」を負わされたと親から訴えられる訴訟の総称）を気にする医師も、日本国内にはいただろう。「障害児だと知ったうえで出産準備ができる」と賛成する医師もいたが、現実には「陽性」（障害児の可能性あり）判定を受けた妊婦の九割以上が、確定診断となる羊水診断を経て、人によっては羊水診断さえせずに、中絶を選んでいた。

七〇年代とは違う「安価で手軽な大衆化」に危機感を抱いた障害者団体、研究者などの、「個人の選択だと言いながら社会全体が障害者排除に傾く危険がある」「障害者も共に生きていく情報こそ広めるべき」といった声もあって、一九九九年に厚生省（今の厚生労働省）が、母体血検査について「知らせる必要はなく、勧めるべきではない」との見解を出した。これが一定の歯止めとなったのか、日本では出生前診断全体数は「激増」まではしていないし、ロングフルバース訴訟もゼロではないがほとんど起こっていない。スクリーニング化、診断公費負担による大衆化も選ばない道をたどっている。

2　出生前診断の今日

二〇一〇年代、新型出生前診断の時代

そして二〇一〇年代である。羊水診断はダウン症などいくつかの障害には確定診断となるが侵襲度が高く流産可能性もある。母体血検査は手軽で安全だが、障害がある確率がわかるのみで精度が低い（陽性判定が出ても陰性判定が出ても結果は逆ということがよくある）。両方の「長所」を残して「短所」をクリアしたとされるのが、二〇一一年にアメリカで「商品化」された新型出生前診断ＮＩＰＴ（無侵襲的出生前遺伝学的検査）で、世界に広がりつつある。日本でも、欧米諸国や中国よりは慎重に規制しながらではあるが、二〇一三年から導入されている。妊婦の腕からの採血のみという簡便さは母体血

検査なみ、精度の高さは羊水診断なみ、と喧伝された。実際の精度は「九九パーセント」という当初の宣伝文句ほどではなく五〇〜八〇パーセント程度だが、母体血検査よりはずっと高精度である。まだ高価格（約二一万円で母体血検査の二〇倍）だが、安くなってはいくだろう。

他方で、従来は出生前診断のうちに入らない（選択的中絶に直結するような障害発見はできない）とされていた超音波診断（いわゆるエコー）が精緻となり、いくつかの障害の予測につながるようになった。胎児写真を撮って首の後ろのむくみの厚さを調べてダウン症を予測することがある種の流行になっており、むくみを見ただけで「ダウン症かもしれないから中絶して来年〝産みなおし〟ませんか」と告げる医師もいるらしい。

このように、出生前診断は新時代に入っている。今までは、「精度の低い診断は健常児まで中絶しかねませんよ。侵襲度の高い診断は流産しかねませんよ」という控えめな説得で出生前診断に反対することもできた。「短所」が技術推進でクリアされつつある今、反対するなら真正面からの反対論を構築する必要がある。

世界で問われている出生前診断

世界の医療先進国で、出生前診断の使い方が改めて問われている。アメリカでは、検査会社がＮＩＰＴを開発し、商業主義もあって広がりつつある。一部の障害者団体やダウン症児の療育に寄り添っている医師たちからは批判の声が上がるが、「選択の自由」という主張の方が多数派であるようだ。イギリスは、一九七〇年代から無脳症や二分脊椎の予防（つまりは選択的中絶）のために国策的に羊水診断スクリーニングを実施してきた歴史がある。ダウン症の検出も含めて、母体血検査も積極的に開発・活用してきた。ＮＩＰＴ導入には少し慎重だが、規制よりは積極活用に進みそうである。フランスは、母体血検査スクリーニングと羊水診断の組み合わせが最も広く行われている国と言える。有名なのはフランス国務院二〇〇九年報告書で、「二〇〇六年、ダウン症胎児の検出率は九二パーセント、うち九六パーセントが中絶」とある。ＮＩＰＴ導入にも積極的なようだ。医師や助産師から成る「出生前医療を救え」という名の反対派団体はあるが、少数意見扱いされている。

欧米ではドイツだけが、出生前診断から選択的中絶へ、という一方向に傾斜しないでいる。ナチス時代への反省から優生思想への警戒感は強く、中絶についても一九七六年に認めた「胎児条項」を一九九五年には削除した歴史を持つ。ＮＩＰＴは二〇一二年から導入され始めたが、反対意見も根強い。「妊娠葛藤法」という法律、「妊娠葛藤相談所」という機関を設けており、出生前診断を受けるか否か、受けて陽性だったとき産むか否かについて、比較的公平な選択が許されているようである。障害児だとわかったうえで産む事例もかなりあって、そうした家族への支援も工夫されつつある。

日本の出生前診断の今

さて日本は、であるが、障害者差別に反対する見地から警戒感が強い点ではドイツと似ているし、医学会や厚労省も慎重姿勢で、出生前診断を公費負担で広めるという道はたどっていない。それでも、選択的中絶は増えているのが現状だ、と言える。日本でターゲットにされるのはやはりダウン症なのだが、「ダウン症協会」「ダウン症児を育てる親の会」などの「産んでも大丈夫。共に生きていこう」という発言力は国際比較でも強い方だと見られ、「診断を受けるのが当然。陽性だったら中絶するのが当然」という一方向傾斜まではない。そうは言っても、何らかの出生前診断を受ける人は漸増しているし、診断が選択的中絶に直結している。このことを、厚労省の統計や日本産婦人科学会の調査や研究者の諸発表から大まかにまとめよう。

①一九九〇年代初頭には、何らかの出生前診断を受ける人は年間三、〇〇〇人程度だったが、母体血検査の広まりで、一九九八年には年間二万人程度に増えた。②一九九九年の厚生省の「勧めるべきではない」との見解のおかげで、一時は年間一万五、〇〇〇人程度に減ったが、二〇〇三年ごろから再び漸増となり、その後一〇年でまた年間二万人程度に増えている。③陽性判定を受けた人が産む準備に向かう事例は少なく、九〇パーセント以上の人は中絶している。④一九九〇年以降の二〇年間で、出生数減と共に中絶件数は年々漸減している（出生数一二二万人時代には中絶件数約四三万件、出生数一〇七万人時代になると中絶件数約二二万件）のだが、出生前診断を経ての中絶に限定すれば急増している

（横浜市立大学国際モニタリングセンターの調査によると、一九九〇〜九九年の選択的中絶の総件数は五、三八一件だったのに、二〇〇〇〜〇九年のそれは一万一、七〇六件と倍増している）。

日本のNIPT導入は二〇一三年からで、カウンセリング体制を整えた限定的な医療機関で慎重に少しずつ、ということになっている。しかし、カウンセリングを伴えば障害を理解し受容できて、出産も……とはなっていないようである。二〇一四年に日本遺伝カウンセリング学会で、一年間の結果を集計した報告があった。NIPTでダウン症か一三トリソミーか一八トリソミーについて陽性と判定され、羊水診断も経て異常と確定した人の九七パーセントが中絶を選んだ、とのことである。羊水診断を経ずに中絶した人さえいた。

3　出生前診断の生命倫理

生命倫理＝全生命尊重＝障害児事前排除反対、となるか

日本でも右のような現実が始まっているが、出生前診断に反対する世論、選択的中絶への抵抗感は、イギリス・アメリカ・フランスよりも強い。また、それらの国でも反対派の医師や倫理学者は存在する。では、生命の倫理を語る人なら、「全ての生命をできる限り尊重すべきだ。障害者の事前排除を誘発する出生前診断には反対する」と考えるのだろうか。必ずそうなるべきだ、と決めつけることは

できないし、実際そうなってはいない。

パーソン論は一般的中絶を広く容認するが、そこには出生前診断から選択的中絶へという道も含めている。功利的コスト論は社会的費用を減らそうと発想して、障害者福祉費節約のために中絶は有効だと言いそうである。このように、倫理を考える議論の中に出生前診断賛成論は一定程度ある。

しかし、それが多数派かと言えば、そうではないと考えられる。「診断も中絶も個人の自由だと言いながら、社会が弱者排除のムードをあおることになりがちだ。それは倫理として好ましくない」と出生前診断を批判する者、実施するにしても慎重な配慮を求める者は、倫理の論者には半数以上いる。日本でのここ四〇年ほどの議論からはそう見える。一九九九年の厚生省の母体血検査に関する「勧めるべきではない」という見解、二〇一三年からのＮＩＰＴに対する医学会の慎重姿勢は、日本社会の倫理としての良識を示している、と言ってよいと思う。

功利主義、義務論、徳倫理学からはどう見えるか

本書では、倫理学の代表的な規範理論に照らして考える営みをしてきたので、ここでもその試みをしておこう。功利主義、義務論、徳倫理学から、出生前診断はどう見えるだろうか。

まずは功利主義から。功利主義の最大幸福の考え方は、財を増やして有効に使うこと、無駄遣いはしないことを求めてくる。どちらの道を選ぶかと言うとき、財が多く残せる道を選べというコスト論

を持ち出してきやすいから、その意味では出生前診断賛成に近づきやすい。「早期発見で障害者の出生数を減らしておくのは賢い選択だ。福祉予算の無駄が省ける。障害者を全て抹殺せよと言っているのではなく、数を絞っておいた方が生きている障害者に予算を手厚く回せると言っているのだ」という理屈を立ててきそうである。

ただし、「功利主義＝あまり稼げなさそうな人を減らすこと」とは限らない。功利主義が目ざす社会的幸福に「弱者へのいたわり」が含まれる可能性はある。仮に障害者がバリバリ稼がなくても、たとえば家族の中に障害者が一人いて家計のやりくりに苦労があっても、少ない財をシェアするいたわり合いに精神的快が見出せるならよいではないか、という立論である。かなり狭い道を行く立論だが。

次に義務論から。義務論は「人間の尊厳」や「普遍的な正しさ」を強調するから、人権保護という意識に目覚めて出生前診断反対に近づきそうである。カントは「人を手段としてのみ扱ってはならず、目的として扱え」と主張していたから、障害者が稼ぎもせずに福祉予算を食いつぶすかのような「障害者役立たず論」は否定するだろう。その人が稼いで社会に財をもたらすかどうかで存在価値を決めることは、まさにその人を社会の手段として扱っていることになるからだ。

ただし、「出生前診断で見つかる障害を背負って生まれる者が、自由で自律的な人格という人間像に届くかどうか」を問題視するならば、義務論がある種の先天的障害については「早期発見・早期除去」を唱える可能性はある。とはいえ、現実の出生前診断がターゲットにしているダウン症者を思い浮かべれば、支援されながらゆっくりの自律はＯＫ、と言いたくなる。

最後に徳倫理学から。徳倫理学は「人の卓越性」を重んじる。たとえば「憐憫」などを徳の一つと考えるなら、弱者排除の出生前診断には反対しそうである。アリストテレスも「友愛という倫理的徳」を説いていた。胎児はその親にとってはどんな健康状態でもすでに家族であるかもしれないし、大人の障害者は地域社会の人々にとって「欠点はお互いさま」の仲間であるかもしれない。そこに友愛的な共生の倫理を語ることは、立派な徳と言える。

ただし、という話はここでもできないことはない。徳倫理学は帰結主義ではないが目的論ではある。「まずは観想（テオリア）だが、その先には実践（プラクシス）へ、そして制作（ポイエシス）へ」という徳の実行方向が想定されている。その実行（達成とまでは言わないが）に乗り込める人に「障害胎児」は入らない、と考える者はいるかもしれない。「徳の入り口にも立てないならばいっそ生まれなくても……」と考える徳倫理学者が、もしかしたらいるかもしれない。

出生前診断反対論は「きれいごと」か

功利主義は出生前診断に半分以上賛成派に回り、義務論と徳倫理学は半分以上反対派に回る、と仮にしておこう。パーソン論支持者が生命倫理学者の多数派ではないことも考慮すると、出生前診断には反対か、少なくとも慎重になることが倫理的には正しい、との仮説は成り立つ。しかし、賛成・推進の倫理も語りうるし、倫理として問題点があっても現実に認めざるを得ないのだ、必要悪かもしれないし悪ですらないかもしれないのだ、との主張はある。そして「反対論を唱える者は、きれいごとを言っているだけだ」という言説はきっと出てくる。ここでは「きれいごと」という表現をめぐって少し考えてみよう。

「きれいごと言説」は、おおよそ次のような形をとる。出生前診断とそれに伴う選択的中絶に対して、非人道的だと言う連中がいる。どんな子でも愛せ、障害児とその親を隣人として助けよ、などと言う。しかしそれはきれいごとにすぎない。本当は、障害当事者になるのは嫌だ、その親になるのも嫌だ、と皆が思っているのだ。皆でなくても、心中の大部分がそうである人が大半なのだ。実際に経験していない人が苦労も知らずに格好いいことを言っているだけで、経験すれば嫌だと正直に告白するはずだ。

「嫌だ」は露骨すぎる言い方かもしれないが、「わが子が障害児だとして、親の私が死んだ後が心配だからやはり産めません」という言い方なら、世間でもよくある。すると、反対論のみを正論扱いせず、「受診する自由、陽性なら産まない方を選ぶ自由も認めよ」となるのかもしれない。それでも、「本当は嫌なんだろ！　反対論は苦労を経験していない人のたわごとだ。きれいごとを押しつけず中絶する自由も認めよ」と言われたら、反論したいことが三点ある。

第一点。「嫌だ／嫌でない」は内心を語る情緒的な表現なので、「困る／困らない」と現場で対処する文脈での表現に言い換えておき、「困らないのか」と問われたら「困ることはある」と答えよう。しかし、困るから一切引き受けないとは言わない。困ること、苦労することは世の中に他にもある。人生に厄介ごとはつきものだし、引き受けてプラスの副産物が手に入る場合もある。第二点。「経験していないから言えるんだ」は真理ではない。これは私のまさに経験則なのだが、ある苦労を経験している（自身が背負うなり背負っている人をそばで手伝うなりしている）人は「もうまっぴらごめんだ」とは言わず、経験していない（想像だけでその苦労を推し量っている）人は「経験したら絶対に嫌だとわかるよ」と言うものである。障害の受容という文脈で多くの学生や市民と対話してきた私の経験からまさにそう思う。経験したからこそ「きれいごと」を自信を持って語る障害受容者を、私は多く知っている。第三点。「障害児なら産まない方を選ぶ自由」を語る人が「あえて産む方を選ぶ自由」も同等に尊重して語っているとは考えにくい。「障害児なら中絶するのが当然。産む人の方が無理を押し通しているのだから、そんな人を手伝いたくないし、関わりたくもない」と思っているのなら「自由」という言葉にすりかえずに「中絶するのが当然」と思う理由を語るべきである。

ダブルスタンダードでうまく行くか

今の先進国と呼ばれる国々の方針は、「自由主義でありながら福祉社会も目ざしている」と規定することができるだろう。すると、「障害児なら中絶するのも自由だ↓出生前診断で早めに察知して産まない方を選ぶ自由を広めてもよい→結果として生まれてくる障害者の数を減らすのは社会全体の負担軽減にもなる」という立論が可能となる。他方、「生まれてしまった障害者には（後天的な障害者もいるのだから）、人権尊重で福祉的配慮をする」という原則も立てられるだろう。ここに「障害者はなるべく産まないようにしよう。しかし世に生まれてしまった障害者はそれなりに保護しよう」という二重基準、ダブルスタンダードが出てくる。このダブルスタンダードで世の中はうまく行くのだろうか。

第二次大戦後の福祉国家づくりの指針となったベバリッジ報告を出したイギリスは、一九九〇年代に母体血検査を広めて二分脊椎の出生者数を一気に減らした国でもある。多様な人々の人権に敏感で障害者保護法規も充実しているアメリカは、検査会社が新型出生前診断を広げることを自由に認めている国でもある。ダブルスタンダードが「見事に」機能している例だと言える。「差別ではない。強制的な国策でもない。ある誘因があって人々がその方向に流れるならそれも自由だ」という理屈のようだ。

しかし、「産むも産まないも自由ですよ」と言いながら社会的コスト増に目が行くと、「産んだ親が自分で一生面倒を見るならいいが、社会に負担をかけるべきではない」とか、「産まないという自由をなぜ行使しないのか。察知して〝処置〟しておかないのは怠慢ではないか」といった言説が、ネット上などの自由奔放な匿名言論に噴出し、歯止めが利かなくなる可能性はある。経済の変動期にはコスト削減と効率優先が叫ばれやすいから、ダブルスタンダードは「ダブル」にすらとどまれず、自由の名の下に強者の理屈ばかりが優先する時代になっていくかもしれない。

4　未来社会の倫理と出生前診断

「障害」も「障害者」も、「無くす」ことはできない

新型出生前診断ＮＩＰＴが診断対象としているのは、ダウン症（二一トリソミー）と一八トリソミーと一三トリソミーの三つである。先天的障害全体のごく一部でしかない。あらゆる出生前診断を用いても、察知できる障害は数パーセントにすぎない。フェニルケトン尿症のように、察知して出生直後から食事療法を始めれば効果が期待できるものはなくはないし、胎児のうちに治療できるものもなくはない。しかしそれらは先天的な障害や病気のうち少数にとどまる。現在の出生前診断が対象としている障害は、それを「予防」するとは「中絶」することだというのが大半である。産んだ後の準備・覚悟のために出生前診断を使っている人は、どの国でもごく少数派である。逆に言うと、産む覚悟ができる人なら出生前診断を受けておきたいという発想は持たないということだろう。

「予防」できる障害は全体の数パーセントにすぎず、交通事故などによる後天的な障害まで考えれば、病気や障害は人生につきものと言える。それらを抱えながらも共に補い合って生きるのは大事な

倫理なのではないか。

乳幼児は「何もできない」し、高齢者は「できないことが多い」。成人でも「無器用」ゆえに「うまくできない」人、「空気が読めない」ゆえにトラブルになる人はいる。もし何でも「できる」人を健常者と呼ぶのならそんな人はほとんどいないし、健康でバリバリやれる期間は人生でそう長くはない。我々のほとんどは「偶然的一時的健常者」であるだけかもしれない。

「できる／できない」は相対的な基準でしかないとも言える。階段一段が高さ五〇センチもあったら昇ることとの「できない」人が多いから二〇センチ程度にとどめてあるし、最近は隣にスロープも設けている。一足飛びに二階に上がれる人はいないが、そこで「できない人」という言葉は出てこない。「障害」自体が、「障害者」という存在自体が、相対的な線引きで決められ、おそらく「無くす」ことはできない。一人の人生のどこかにある程度は「ある」し、集団の一部には「ある」のが当然という前提で社会が動けば、問題の多くは深刻さを薄められるのではないか。

それでも、「障害減、障害者数減を」と言われたら？

それでも、障害のいくつかはできることなら消去あるいは軽減しておこう、障害者の人数は減らしておこう、とは言われるかもしれない。これには次のように答えておこう。

まず、その「消去・軽減」が障害「者」そのものの抹殺を招かないように注意すべきであろう。早期治療ができて本人や家族の心労が減るのならよいが、社会の側の都合で「除去」を迫るべきではない。「生まれてこなければよかったのに」という思いに追い込まれる社会的空気は、倫理として許容できない。

次に、「障害者数減らし」を国策として強制すべきではないだろう。政治とは「限られた財を正当な権力によって配分すること」と定義できるが、すると少数者への配分を丁寧に実行するのが政治の使命となる。強者、多数者は黙っていても果実が回ってくるのだから。障害者が少数派として不利な扱いを受けないようにすること、さらに数を減らせと強要されないようにすること、これは政治が意識的に優先すべき課題である。

最後に、「でも障害は減らすにこしたことはないよね」という、世にある台詞にはこう答える。二〇世紀終盤からの目先の技術的な効用より、長年の人類生命史の方が信用できる。障害は無くしたいと言うが、本当に重い障害なら自然流産するものである。人間の二三対の染色体のうち、二一番と一八番と一三番はトリソミー（二つの対にならず三つになってしまう）がまれに起こって障害者が生まれるが、他の染色体がトリソミーを起こしたらその時点で発育が止まって流産となる。つまり二一番と一八番と一三番のトリソミーは、生まれて育つ程度には「軽度」なのである。私は無神論者だがあえて神の物語をたとえに使えば、神は二一・一八・一三トリソミーくらいなら時々は抱えて生きるのが人類への適度な教訓だと配剤なさったのである。これくらいなら時々はある、抱えて助け合って生きる、それが人類生命史の答えである。「減らす／無くす」でなく、少しはあるという前提で対応する知恵を紡ぎ出す方が人間らしいのではないか。

ダウン症（二一トリソミー）は一、〇〇〇人に一人は生まれ、重症度は多様だが助けがあれば育つ例が増え、平均寿命は五〇歳を超えている。その人が抱える弱点は、他の九九九人が抱える弱点と近いところにあると考えられる。一、〇〇〇番目の人が社会にとって負担だから排除せよという論は（順番を付けるのは失礼だがこの箇所だけの便宜としてお許しいただきたい）、次に九九九番目を、その次に九九八番目を排除にかかる危険性がある。平均値以下はお荷物になるから切り捨てよなどと言おうものなら、世の約半分は常に平均値以下なのだから、切り捨ては際限なく続く。どこかで歯止めをかけねばならないし、そもそも最初からそんな発想はやめた方がよいと考えられる。その「やめる」基準の一つに人類生命史がある。

第8章　生殖ツーリズムという現代と倫理

1　人工生殖とその倫理的問題

人工生殖とそのツーリズム化

自然妊娠できない「不妊カップル」は一〇組に一～二組いる。日本など晩婚化・晩産化が進む国では出生率は全般に低い。子のない人生もOK、と思い直せばよいのだが、そういかない人もいる。彼ら彼女らに子をもうける可能性を与えるのが、二〇世紀後半から開発された数々の人工生殖の技術である。医療者はこれを生殖補助医療と呼ぶ。元々は不妊に悩む「夫婦」のための技術なのだが、「自由主義」社会では、夫婦でないカップル、同性カップル、さらには独身者も自由に利用してよいではないか、という話が出てくる。そして世は国際社会で、国境をまたぐことはたやすくなった。自国が「正式の夫婦のみ利用可能」などの規制をはめていれば他国に渡ればよい、と考える人がいるし、仲介するブローカーも出てくる。富裕な独身男性が自分の精子のみを重視していれば、卵子と出産行為は女性をカネで雇うことで間に合わせて「我が子」を好きなように持てる。生殖活動は、海外渡航を伴う「生殖ツーリズム」時代に入っている。

生殖ツーリズムとは、人工生殖、特に卵子提供や代理出産を用いて、海外渡航先で子をもうけること、と説明できる。卵子提供や代理出産をしてくれる女性を渡航先の国に求める例が多いが、その女性を自国から連れて行く（自国内では規制があってやりにくいから）例もある。代理出産女性がいる国に渡航して卵子はまた別の国から調達する例もあるし、卵子を「売りたい」女性の側が自ら渡航する例、卵子を「海外輸出」する例もある。国際的な経済格差や、女性の人権への考え方の差につけ込んだ収奪である、という批判は多い。親になること、子を持つことの意味が変わってしまうかもしれない。さて、どう考えればよいのだろう。ひるがえって、国内の人工生殖の利用はどの程度認めればよいのだろう。

これらの問題を考えるために、まずは人工生殖の技術一覧から入る。技術の詳述は『ベーシック生命・環境倫理』ですでに行っており、それぞれの倫理的問題も語っているので、本書ではごく簡単に確認する。

人工生殖の技術

(A)　人工授精……性交渉から自然妊娠へとうまく行かないとき、男性の精子を医院に凍結保存しておき、適切な日に解凍して女性に人工注入して妊娠させる方法である。夫婦間で、夫の精子を用いるのがＡＩＨ、夫の精子に問題があってドナー男性の精子を用いるのがＡＩＤである。ＡＩＤの場合、後々に親子間の葛藤、子自身の心の葛藤が生じる可能性がある。すでに日本では総計二万人程度のＡＩＤ児が生まれていると言われる。一方、「夫の精子に問題」というケースをクリアする技術、たとえば無精子症と見られても睾丸の中から精子を生み出す技術が出てきており、ＡＩＤは今後は減っていくかもしれない。

(B)　体外受精……人工授精でうまく行かないときや卵管閉塞などで自然妊娠ができないとき、夫婦の精子と卵子を体外で受精させ、胚（細胞分裂を始めた受精卵）を妻の子宮に移植する方法である。半ば強引にでも受精を成功させるため、顕微授精、特にＩＣＳＩ（イクシー、卵細胞質内精子注入法）を使う事例が増えている。日本では体外受精児が年間三万人に上ると言われる。問題点は、卵子を出す女性の負担が大きいこと、高額（無保険で三〇～五〇万円）なのに低成功率（二〇～三〇パーセント）であることである。また、ドナー精子を使うとＡＩＤと同じ問題も発生する。

(C)　卵子提供……妻が病気などで卵子を出せないとき、他の女性の卵子をもらって（買って）夫の精子と体外受精し妻の子宮に移植する。「産みの母」と遺伝的つながりがなくなる。ドナー精子を用いると「育ての父」とも遺伝的つながりがなくなる。卵子提供女性の身体的負担は大きいから、大金が絡んで商業主義化しやすい。一方、姉妹などからの無償提供にすると、親族関係が複雑化する。母は「我が子」として愛し続けられるか。子は知ったらどう思うか。さらに、「卵子だけはどこから買ってきてもいいのだ」となると、悪しき父系主義に加担する技術となるかもしれない。

(D) 代理出産……妻が卵子は出せるが子宮に問題があり妊娠困難なとき、体外受精した後の移植先を他の女性にして、その代理出産者に産んでもらう。「貸し腹」「借り腹」との呼称があるが最近は避けられつつある。まれにドナー精子を用いることもある。出産は一〇か月に及ぶ命懸けなのに、それを他人に頼むのだから、高額報酬の商売になりがちである。金銭抜きに姉妹が、さらには妻の母（つまり赤子の祖母）が引き受ける例が日本国内にあるが、親族内で誰が「母親」と言えるのか。その現実を子はどう受け入れるのか。厄介な親族関係の中で子は生きることになる。

(E) 代理母……妻が卵子も出せず子宮も妊娠には問題があるとき、全てを別の女性に任せる。富裕層の中年夫婦が国をまたぎ、あるいは国内で貧しい娘を雇って夫から人工授精して妊娠・出産してもらう、というのが典型的な例である。卵子提供女性と代理出産女性を別々に雇う例もある。別の女性に頼りすぎている面はぬぐえない。その女性が出産後に母性に目覚めて子の引き渡しを拒否するとか、依頼者夫婦が離婚や子の障害を理由に引き取りを拒否するといったトラブルも起こりやすく、そんなリスクがあるなら初めから養子を探したらいいのに、とも思える。

その他、(A)から(E)の全てのケースで、出自を知る権利を子に認めるかは、大きな問題となる。

2　卵子や腹を「買いに行く」ツーリズムの行先

アメリカ

卵子提供や代理出産を認めている国、さらに他国からの「顧客」も認めている国はいくつかあるが、ここからは、日本人が渡航して卵子提供や代理出産を利用している「生殖ツーリズム受け入れ国」について説明する。

日本人にとって最初に「卵子や腹を買いに行く先」となったのは、医療技術があって自由経済ゆえに何でも商売になるアメリカ合衆国である。功利主義的風潮が強い国情も、「人工生殖はどれもＯＫ。外国客も利用しに来てよい」という状況を作りやすくする。二〇世紀後半から、アメリカ国内でのＡＩＤ、卵子提供、代理出産は盛んだった（特にベトナム戦争出征兵士が生殖年齢にあったころにＡＩＤ児が多く生まれた）。需要と供給があれば仲介する会社もでき、それがさらに「顧客」を掘り起こした。

一九九〇年ごろからは、海外からの不妊カップルもその顧客となる。たとえば日本人夫婦が、日本では卵子が手に入らないからアメリカに来て東洋系留学生の卵子を探す例、日本では「腹を借りる」ことができないからアメリカに来て「安産実績」のある女性を探す例があった。「一年間のアメリカ駐在中に赤ちゃんができたんですよ」と言えば、子の出自の秘密を夫婦以外に隠すこともできた。

商業主義はエスカレートする。卵子ドナー（精子ドナーもだが）や代理出産者は仲介会社の名簿に登載され、「カタログ販売」される。容姿や能力でランク分けがされ、価格差がつく。高額でも「質の良い」ものなら富裕層に売れる。

韓　国

アメリカは日本からは遠くて、渡航費も滞在費も施術費も高くつく。日本人顧客が欲しがる「東洋系卵子」は、アメリカでは希少で高額になりがちである。韓国で手に入るなら、それら諸費用も購入金額も安くてすむ。日本人にとっては地理的にも心理的にも近い。渡航期間も短くできる。一九九〇年代後半からは、アメリカよりも韓国が、日本人顧客の主な渡航先となった。

近代前半期の韓国には、シバジ（種受け女人）という因習があった。父系主義伝統によるもので、夫側の家系を残すために、妻に男子ができなければすぐ他の女性を雇い、「種受け」させて跡継ぎ男子をつくるのである。この因習から、卵子提供も代理出産も受け入れやすい国情にあったと見られる。

一九九〇年代初期には、人工生殖技術も上がり、経済も活発になって「グローバル市場」とも接点を持ちやすくなった。日本とは特に、不妊に関わる医師同士の交流もあり、日本の不妊カップルが日本国内ではできない施術を渡韓して受ける例が出てきた（このころは、日本から代理出産者を連れて行き施術だけ韓国で受ける例が多かったようだ）。

日本人不妊カップルにとっては、アメリカより「安・近・短」な渡航先である。日本国内で仮に秘密裡に卵子提供や代理出産をできるとしても、日本の「賃金ベース」だと費用はかなり高額になる。「安・近・短な韓国へ」は日韓経済格差につけ込んだ搾取ともいえる。日本人が渡韓して卵子提供を受ける、つまり卵子を買ってくる事例は、二〇〇〇年代に入るころから増えていったようだ。

韓国は、一九九〇年代から急速に経済成長し、民主化・人権意識向上もそれなりに進んでいる。代理出産についても卵子提供についても、「女性を搾取している」との声が、特に国境をまたぐケースについては「経済格差につけ込んでいる」との声が上がり始めた。卵子提供が有償で行われていることについては倫理的にも問題となり、二〇〇五年に発効した生命倫理法で、卵子の有償提供は禁止された（生命倫理法はその後規制緩和され、韓国人同士の卵子の「実費」補償提供は認められている。また、代理出産は規制されておらず、韓国人が中国人女性を代理出産者に雇うケースが、一九九〇年代から続いている。後者のケースは、国際経済格差において韓国人が「上」に立ち中国人女性が「下」に置かれているわけである）。

このように状況は変わりつつあり、日本人が韓国人女性を「利用」するケースはほぼなくなったようである。二〇一五年現在で日本の「需要のある人」が韓国を活用するとすれば、「施術地」として、である。つまり、日本国内では売買を通しての卵子摘出と受精卵移植を引き受ける医院は（少なくとも表向きは）ないので、日本で卵子提供女性を雇い、その女性を連れて夫婦で渡韓し、受精卵を妻に移植してから帰国するわけである。

インド

世は国際社会である。需要と供給は国境を越えるツーリズムを駆り立て、アメリカよりも韓国が安くて近くて短期だから便利だ、その韓国がやりにくくなったら次を探そう、となる。そこで、次なる新興経済成長国、インドが浮上した。インドは、商業的代理出産をある意味では国策として認めて外貨稼ぎをしている国である。二〇〇〇年以降、多数の病院で大々的に、インド国内の女性を雇っての代理出産が行われてきた。卵子は欧米などから売買を経て持ち込まれている。

代理出産者は自宅で過ごす例もあるが、半数は各地の「代理母ハウス」に九～一〇か月留め置かれる。良く言えば栄養失調や事故から保護しているのだが、悪く言えば「商品完成」まで徹底管理しているのである。監禁というほどではなく、週末に自宅から家族が来れば面会や外出はできるが、自宅に長期帰してしまうと「すぐ流産して別の男の子を宿したかも」との疑念も生じてしまう。医師の権力に従順で、貧しい女性が、代理母ハウスに収容されることが多い。搾取を国が推進しているとさえ言える。

この状況を問題視する声が、「顧客」を生んでしまう諸外国（日本もその一国）のＮＧＯから上がった。二〇〇八年に「マンジ事件」（日本人男性がインドで代理出産の子をもうけたが、子が国籍を取れずに出国できなくなった）が起こって以降、インド政府は、海外顧客の母国の法律との兼ね合いで子の法的地位が不安定になることを恐れて、海外顧客の依頼には厳しい条件を付けるようになった。

このような生殖ツーリズムが横行する背景にはやはり、インド国内の経済格差、インドと他の富裕国との金銭価値の格差がある。貧しい女性、貧しい家庭にとっては年収一〇年分を一〇か月で稼ぐ手段である。若い女性にとっては数少ない「就労」機会にもなっている。インドでは医師は絶対的権力者であり、国が許可した商業的代理出産の現場指導者である。医師との仲介役として若い女性たちに助言する（代理出産への勧誘も行う）「ケアテイカー」も存在している（たいていは代理出産経験女性で、代理出産で小金をためた「手本」として振る舞っている）。この「タテ関係」は簡単には揺らぎそうにない。

タイ

インドの規制が厳しくなると、次はタイである。医療技術がかなり高いわりに規制はインド以上に緩いということで、韓国・インドに行っていた「客」が集まりだした。

二〇一四年、二つの話題がタイでの代理出産を注目させた。一つ目。日本のＩＴ企業創業者の御曹司（二〇歳代で独身）が、タイで代理出産者を次々に雇って一〇人以上の子をもうけていた。卵子は欧米人などから購入していたそうだ。自分の精子で毎年何十人も子をもうけて「我が王国」を築く野望があったらしいとのことで、子の引き取り・養育・父親としてのあり方をめぐって議論になった。二つ目。オーストラリア人夫婦が、タイで代理出産で双子をもうけたが、健常児の方は引き取り障害児の方は置き去りにしたとの第一報が世界を駆けめぐり、バッシングを受けた（後の報道によるとこの夫婦の側にも弁解の余地があったようだが）。

このタイの事例で改めて気づかされるのは、代理出産が国境を越えたビジネスになっていること、貧しい女性にとって体を張った商売になっていることである。タイには、代理出産者が集中している「代理出産村」と呼ばれる集落まであるそうだ。そこを利用する外国人富裕層や仲介ブローカーもたくさんいるわけである。医療体制は整っているので、たとえば日本人で卵子提供や代理出産を引き受けてもよいという人が、タイに渡航して実行することもある。

代理出産の報酬を含む費用総額について言えば、アメリカで行うと二、〇〇〇万円以上、インドなら八四〇万円、タイなら六〇〇万円とのことである（二〇一四年現在）。二〇一五年になってタイは、タイ人夫婦（少なくとも一方がタイ人）でなければ代理出産を依頼できないといった規制を作った。これで二〇一四年の二件のような事態は減ると思われるが、タイ国内の代理出産そのものは続くし、ヤミ業者は暗躍するかもしれない。そして、タイがやりにくくなれば次の国を探す、というのが国際ビジネスであり、国際市場である。

3　買いに行く(あるいは売りに行く)日本人の事情

日本国内では体外受精どまり

生殖ツーリズムの「顧客」は日本人ばかりではないし、富裕層でなくても子が欲しい一心で海外に渡る人もいる。しかし、日本からの依頼者がどこでも目立つのはなぜだろうか。端的には、日本ではやりにくいからである。

日本では体外受精は盛んで、六〇〇医院で一年当たりのべ二五万回試みられ三万人生まれている。しかし、法律婚の夫婦に限定している（人工授精では精子ドナーも認めているが体外受精では夫婦の精子・卵子のみ）。また、卵子提供や代理出産も、医学会の「会告」で規制している。そこで、規制されていない国に渡航して卵子提供や代理出産を利用しよう、となるわけである。卵子や腹は日本人でも実行は海外の医院で、という例もある。

安易に利用している、と決めつけることはできない。日本は晩婚化・晩産化が進んでいる。卵子は老化するし子宮も老化する。体外受精を試みても子ができないと、夫婦で切実に悩んで、海外に渡って若い女性の卵子や腹を買ってでも……となることもある。バイト感覚で（こちらも安易とは決めつけられないが）引き受ける若い女性は世界のどこかにいる。そして需要と供給があれば、仲介業者はどこにでも発生する。インド、タイより日本に近いところでは、台湾が卵子提供の地になっている。東洋系卵子を欲しがる日本人の「需要」、ちょっと稼ぎたくて日本人に親近感を持つ台湾の若い女性の「供給」、自由市場で日本にも台湾にも発生する「仲介業者」、全てがそろっている。

グローバル化、ネット情報社会、富裕な日本人

実は、日本で卵子提供や代理出産が法律で禁止されているわけではない。この事態に法律が追いついておらず、可とも不可とも明文化されていない。医学会が自主規制の会告を出しているだけである。よって時々、会告破りの医師が出てくる。あまりに公然とやると学会除名処分くらいは受けるが、医師免許を剝奪されるわけではない。とはいえ日本ではやりにくいので、医療のグローバル化に乗って海外で、となる。こっそり紹介してくれる日本の医院はあるし、今やネット情報社会である。海外情報も手に入るし、仲介会社のウェブサイトはすぐ見つかる。商売化を規制する国は出てくるだろうが、需要と供給があれば水面下に潜って規制をくぐり抜けることは、どんな商売でも起こる。

富裕層でなくても切実に悩んで……と先ほど述べたが、日本人はやはり国際的には富裕な側にいる。平均的な日本人が子づくりのために一度に払える金額が、アジア諸国なら相手の年収の何倍にも相当することもある。仕事にあぶれていて仲介業者に声をかけられたら、手を出したくもなるだろう。

一方で、日本の若い女性がネット情報に乗って海外で卵子提供する例もある。ここでも、「卵子を

出すのは思ったより身体的に大変だった。体調を崩したが今さら日本で医師に打ち明けられない」「卵子の出来が悪いと言われて報酬金額が思ったより少なかった。かといってどこにも訴え出られない」といった問題が発生している。

日本国内でやりにくいことが問題なのか

このように、国境をまたいだ生殖行動には格差利用があるし、トラブルも起こりやすい。卵子提供も代理出産も、日本国内での強行事例や隠れた事例はあるが、表に出しにくいことから、明らかになっているのはまだ少数である。すると、日本国内でやりにくいことが問題なのだからやりやすくしよう、という考えも出てくる。実は、「日本でやるとすれば……」という法制度案は、二〇〇三年に厚労省の審議委員会から出ている。しかし国会がなかなか取り組まない（選挙での得票にアピールしにくい案件に国会議員は不熱心だと言われる）。近い将来成立する関連法があるかもしれないが、当面は部分的なものにとどまるだろう。

仮に、日本での人工生殖の新しい法律が、かなり完成度の高いものとして作られたとする。その場合はおそらく、卵子提供者や代理出産者の人権尊重、子の福祉、親となる者の責任などの観点から、それなりに健全な制限がつくはずである。二〇〇三年厚労省案にもそこは垣間見えていた。しかしその完成度にたどり着くには年月がかかる。国内で「健全に」やれるなら制限には従うという人もいるだろうが、そもそもそうした制限を嫌う人は、相変わらず海外へ流れるだろう。

日本国内で制限されたルールの「健全さ」は肯定しても、周囲に知られないように隠れて実行したい、と考えるカップルはかなり残ると予想される。海外に行くもう一つの動機は「隠れてやれる」ことだからである。グローバル化は生殖活動より前に仕事やレジャーで進んでいる。仕事の都合で家族ぐるみで海外に行っていた、長期バカンスで海外に行っていた、というタイミングを利用して人工生殖で子をもうければ、親族や近所にばれずにすむ、と考える人はいるだろう。「自然妊娠できなければ夫婦失格」という思いが本人や周囲にあればなおさらである。

４　生殖ツーリズムの倫理的問題と解決の方向

国際的な経済格差・規制格差につけ込むことは問題

さて、ここまでプラクティカルになってしまった生殖ツーリズムを、倫理からどう考えればよいか。まず、国際的な経済格差と規制格差につけ込んで商業化するのはやめるべきであろう。貧しい女性を巧妙に利用しているのが実情であり、規制の緩い国に客が流れるのが実態だからである。

功利主義で考えても、関わる人々が将来的に豊かになるというよりは、負の側面を背負いやすいと思われる。まず、卵子提供者・代理出産者は、健康被害を受けることがある。ヤミ医者が絡んでいればなおさらだ。公然とした場であれば被害回復を最大限に図れるが、「隠れて協力しカネももらった」となれば泣き寝入りになりやすい。子を得た側もリスクは高い。人工生殖一般に起こりうる心理的葛藤はもちろんだが、海外に一〇カ月もとどまるわけにはいかないから、施術した医師に継続的な医療を受けられないし、「隠れて」なら日本の医師にこの間の事情を伝えることも避けたくなる。子の健康に問題が発生した場合に、さらには、悪くして子の取り違えなどの疑念が生じた場合に、誰に助けを求めればよいのか。「こっそり海外で」であれば、事情説明もできなくなる。それらの最大の被害者は、子である。

義務論や徳倫理学から弁明の余地があるとすれば、「卵子や腹が使えない人への援助」という理屈である。しかしこれも、カネの動き方や身体負担やアフターケアから見て無理がある。「人助けは崇高な義務」と言うなら、他人をカネで吸い寄せることもブローカーが暗躍することも否定すべきである。「他人の幸福も考えるのが徳」と言うなら、こんなやり取りは巻き込まれる人々を幸福にしない、と言いたくなる。

そして、功利主義、義務論、徳倫理学のいずれからもこう言える。渡航先とされる国の人々に教育や技術を授けずに、「女にも稼がせてやっているんだ」という言い方で正当化するのはやめて、健全な労働のチャンスを与えるべきである。国ごとに自治権があるとはいえ、人やカネが国境を越えて動くなら国際的に共通のガイドラインを設けるべきである。仲介するブローカーやそれに乗せられる人が広がらないように、特に女性の人権という観点から国際世論を巻き起こすべきである。

それでも子を持ちたい人はいる、と言われれば

それでも、不妊カップルにとっては切実なのだ、生殖ツーリズムにすがる需要者も供給者もいるのだ、と言われればどうするか。やはりカネで解決すべきでないことはあり、長期的な幸福は別の道で考えるべきだ、と答える。

先に「供給者」について言えば、インドの代理出産を現地調査した日本人研究者がこう述べている。代理出産で経済的にうるおったインド女性が、教育を受けていない女性には悪い仕事ではないと言いながら、今一八歳の我が娘がしたいと言ってもさせないと答えたそうだ。自分が人に、特に愛する人にやらせたくない営みは、やはりこの世から減らしていくべき営みだ、というのは倫理原則の一つである。

日本の「需要者」について言えば、やはり晩産化が背景として大きい。四〇歳前後になってあせって海外に出かける事例が多いのだ。ならば、「子産みが遅くなる社会」をこそ問題とすべきである。女性が仕事を続けたいと考えるとき、三〇歳代半ばまでは仕事のみに専念しなければならないとか、結婚さらに妊娠となると暗に退職を迫られるとか、産休と育休をもらえても復帰後の役職がないといった労働環境は、改善すべきである。子育ては女がやるべきで男が育休を取ったら笑われるとか、保

育所が足りないし保育時間制限が厳しすぎるといった社会状況も、改善すべきである。

また、子を産めない身体的事情の人が何千人に一人くらいはいて、それでも子が欲しい人もいるだろう。たとえば生まれつき卵巣のないターナー症候群の人は卵子提供を、子宮のないロキタンスキー症候群の人は代理出産を、求めるかもしれない。そうした人々に対しては、生殖医療にそれなりの節度を保ちながらアクセスできる法制度を作るべきである。臓器移植に中立のネットワークがあるように、公的機関がコーディネートして需要者にも供給者にもルールを守らせ、金銭授受が仮にあるとしても公明正大に行い、双方の健康管理を見届けるシステムを作ることは可能だと思う。

本章ではこう結論を述べる。「女性を搾取することに加担しない」「身体そのものを商品化しない」という倫理を、多くの人が共有するようにしよう。また、日本の子産み・子育てを、「若くても安心して産めて、男女が協力して、企業もそれを理解して……」という姿にしていこう。どうしても必要な人が卵子や腹を「借りられる」条件を丁寧に定めよう。他方、「子のない人生」も皆で肯定していける世の中にしていこう。「不妊カップル」の当事者としても、倫理学者としても、私は切にそう思う。

第9章　安楽死・尊厳死法制化と倫理

1　安楽死・尊厳死問題の基本的視点

そもそも安楽死とは何か

安楽死と尊厳死の定義や基本的倫理問題は前著『ベーシック 生命・環境倫理』で語っているので、ここでは要点を確認しておこう。まずは安楽死を定義してから、あえて尊厳死と呼び分けるようになった経緯を見ておく。

安楽死とは、①死期が近く、②耐え難い苦痛があり、③死を望む患者本人の意思がある、という三つの条件がそろった時に「苦痛を避け安楽に死なせる」ことである。古くからある慈悲殺（苦しむ人をかわいそうに思って殺してあげる）は、①〜③がそろっていない（特に③が確認できていない）ので、今日では許されない（近年の日本の裁判では、ここが有罪か無罪かの分かれ目になっている）。仮に相手が「いっそ殺してくれ」と言っても、苦痛緩和などの医療をまずは行うべきなのである。

そして安楽死は、方法面から二つ、あるいは三つに分けられる。まず、Ⓐ積極的安楽死（致死薬ですぐ死なせる）とⒷ消極的安楽死（延命を中止してゆっくり死なせる）に分けられる。この二分類でよいのだが、両者の中間的なものにも着目して三分類とする考えもある。ⒶとⒷの中間にⒸ間接的安楽死（鎮痛剤を投与し続けた結果として死を早めてしまう）を置くのである。この場合は積極的に殺しにかかったとも自然に死ぬに任せたとも言えないからである。

では尊厳死とは何か

次に尊厳死を定義しよう。ただし、後にアメリカの尊厳死法のところで語るように、尊厳死の理解は国によって違う。日本国内でも、ある団体が主張する尊厳死の意味内容が全員に受け入れられているわけではない。よってここでは、普遍性を持つように心がけて、何よりも「安楽＋死」でなく「尊厳＋死」としたその言葉の意味に即して、定義しておく。

尊厳死とは、①病状、特に意識の健全さが悪化し、②それを尊厳に反すると患者本人が見なし、③尊厳を守るには死を選ぶという本人の意思がある、という三つの条件がそろった時に「延命を中止して死なせる」ことである。

しかしこれでは、はた目からはそれほど健康レベルが下がっていないのに、本人が悪い方へばかり考えて死ぬことを、止められなくなる。「こころを病んで」「生きるのが嫌になって」自殺することも尊厳死の範囲に入ってしまい、自殺を容認する、さらには奨励する社会になりかねない。そこで、先述の(B)消極的安楽死をイコール尊厳死と呼び、(A)積極的安楽死を（狭義の）安楽死と呼び分けている、というのが日本の現状である。「苦痛から安楽に」と「尊厳を守るために」という二つの理念は根本的に違うのだが、「延命を中止する」という行為に共通点を見出し、「苦しくて無駄に長生きするくらいなら、すーっと死んだ方が私らしくいられる」と二つの理念を曖昧に連続させて、「尊厳死」の呼称の方を使っている人が多い。

なぜ安楽死と呼び分けて尊厳死を造語したのか

安楽死（古代ギリシアの「エウタナシア＝よき死」に始まる）は古くからある語で、尊厳死（デス・ウィズ・ディグニティ）は二〇世紀後半の新しい造語である。日本安楽死協会（一九七六年設立）も日本尊厳死協会に改名（一九八三年）したが、掲げている考え方は「死期が近づいたら無駄には延命しないでくれ」というもので、変わっていない。では、なぜ「安楽死」ではなく「尊厳死」を使う人が増えてきたのか。

端的に言って、「〝安楽死〟では世論の賛同を得にくいから」というのが造語の理由である。そこには、「死ぬ権利」を認めよ、と考える人々の意向が働いている。慈悲殺は慈悲ゆえであっても本人の意思を問うことなく勝手に殺す行為で、今日では認められない。また、致死薬を投与するやり方は世の反感を買いそうである。そもそも鎮痛緩和医療が発達してきたので、「耐え難い苦痛だからいっそ死んで安楽になりたい」という状況は減ってきている。それでも「死にたい人」はいるではないか。以上のような理屈から、(B)のみを「尊厳」という美しい語とひっつけて「これだけは認めよ」と主張しだしたのが、二〇世紀後半である。

安楽死は認めなくても尊厳死は認めよ、ならいいのか

この主張に相乗りするならば、安楽死（狭義の安楽死つまり積極的安楽死）は認めないとしても尊厳死（新しい、尊厳にかなう死）は認めよう、という話になりそうである。しかしそれでよいのだろうか。疑問点が三つある。

第一の疑問。本人の「死にたい」という意思は確実だろうか。一時の絶望感や周囲の人への気の遣いすぎかもしれない。本人意思を何度も複数者の目と耳で確認する必要があるが、そうしたとしても、状況が好転しなければ（たとえば家族の看護負担が増すばかりだと本人が考えてしまえば）、本人の意思は暗い方へ傾き続けるだろう。

第二の疑問。「こんな状態ならいっそ死んだ方がマシだ」という言い分をあっさり認めてよいのだろうか。本当に死期が迫っていても（実は同じ病状でも人によっても余命の長さは異なり、また、医師の余命予測は外れやすいが）、余命があと少しでも生きる工夫はあってもよいのではないか。「こんな状態」が寝たきりなどを指すのだとしたら、若いころからその状態でも自己努力と他者援助で生きている障害者は、尊厳を汚し続けていると言われかねない。

第三の疑問。「不要な生」「医療資源の無駄遣い」という風潮になって弱者を追い詰めるのではないか。「無駄な長生きはしなくてもいい」と言うが、生き続ける意味は本人と周囲との協力で紡ぎ出されるものである。「私が私自身のことを無駄と言っているのだ。他の人もそうしろとは言っていない」と言うが、そこに表出しようとする「潔さ」は、やはり他の人に向けられるし、社会と医療のあるべき姿という響きを持って語られる。そこで病弱な人や貧しい人が、「私も尊厳死宣言をしないと迷惑をかけるし格好悪い」と思わされるとしたら、その社会は助け合いから遠ざかっていく。

2　安楽死「合法化」に向かう国々の現状と問題

オランダ

「安楽死ができる国」として有名なのはオランダである。一九九三年の「遺体処理法」改正により、安楽死させた医師を免責としたことが、「世界初の安楽死法」と見なされている。より「本物」と呼べる安楽死法は、二〇〇一年制定の「生命終結・自死の援助審査法」である。オランダに隣接し国情が似ているベルギーとルクセンブルクも追随し、それぞれ二〇〇二年と二〇〇八年に同様の法を定めている。

このオランダの法は簡単に言うと、先述の第1節の「安楽死の定義」における①と③を二人以上の医師が確認すれば、死なせてもよいとするものである。安楽死をもたらす方法は、医師が致死薬を注射するか、あるいは致死薬入りの半固形状液体を患者に持たせて患者自身に飲ませるかである。家庭医（日ごろからのかかりつけの医師）という制度が伝統的に根づいていて医師と患者の信頼関係が築きやすいこと、個人主義の風潮が強いことから、「本人がそこまで死にたいと言うなら認めよう。医師が状況を慎重に判断したうえで死を手伝うのならそれも許そう」ということらしい。

しかしオランダでも、「滑り坂」（ある一歩を踏み出した後の悪い方へのエスカレート）を危惧する声はある。この新法の施行後に安楽死者は増え、今や全死者の三パーセントに上るという。本来なら両立すべき、あるいはもっと先行すべき鎮痛緩和医療や終末期ケアは停滞気味だ、との批判もある。批判者は、安楽死専門クリニックを称する医師が増える一方で、緩和ケアに当たる医師やそちらに投入される医療資源は増えていない、と指摘している。また、精神的な病の人をじっくり支えずに安楽死に誘い込んでいるのではないか、と指摘する人もいる。

アメリカのいくつかの州

アメリカは、合衆国（合州国）らしく州によって法制度が違う。連邦裁判所は安楽死合法化に歯止めをかけようとしたが、それでもいくつかの州は安楽死法を定めている。一九九四年のオレゴン州の「尊厳死法」が最初で、その後は二〇〇九年のワシントン州から二〇一四年のニューメキシコ州まで四つの州が続いている。

二〇一四年、オレゴン州が世界の注目を集めた。二九歳の女性が脳腫瘍で余命半年と宣告され、わざわざオレゴン州に移住して「一一月一日に死ぬ」と宣言し、実際にその日に医師から致死薬を処方してもらって死んだのである。「自己決定として潔い」という声も上がったし、「日を決めて死ぬのは不自然だし、不治と言われても生き延びた例もあるのに残念だ」という声も上がった。

この女性の件で指摘しておきたいことが二点ある。第一点。オレゴン州の尊厳死法（アクト・オブ・デス・ウィズ・ディグニティ）が、積極的安楽死も医師による自殺幇助も認めていること。逆に言うと、日本で語られる「尊厳死は（積極的）安楽死とは違うんだ」という尊厳死定義がローカルなものでしかないことである（日本と似た区分けをしているのはフランスくらいである）。「尊厳を守るためなら今日すぐ致死薬を！」との主張は尊厳死という言葉には矛盾しないのである。すると、「尊厳死とは延命はこれ以上しないということであって致死薬投与とは違うんですよ」という説明の方が、言葉の定義とは別のレトリックだということになる。

第二点。この女性の死の直前、日本のマスコミ等には「潔い」と評する論者がかなりいた。ところが予告日に死んだ直後、そう評した論者の中に、「実を言うと、一一月一日を過ぎても生きていて、『もう数か月頑張ってみます』と語る姿を期待していたんだよね」と言う者が次々と出てきた。安楽死（あるいは尊厳死）肯定論者でさえ、粘って生き延びようとするのもまた人間らしい、と心の奥では思っているのではないか、と私は感じる。

スイス

スイスは一九四一年から、自殺幇助容認という形で安楽死を事実上認めており、自殺希望者に毒物を与えても罰せられない国であった。最近は州によっては、「病院や療養施設は自殺幇助についてもその希望者の意思を尊重せよ」と法で定めている。自殺とその幇助に「寛大」な国で、自殺を手伝う民間団体もある。スイス在住者対象の自殺幇助機関だけでなく外国人受け入れ組織まであり（代表例は一九九八年設立の「ディグニタス」、つまり自称「尊厳」である）、ここに「自殺ツーリズム」が発生する。ドイツ、イギリスなどヨーロッパ諸国を中心に、毎年一〇〇人以上が自殺目的でスイスに渡航している。

スイスは、世界中から闇のカネを集める国であるが、死を望んでしまう暗闇の意思も国境を越えて呼び集めようとするのだろうか。「事故で麻痺になったから」だとか「妻が末期ガンだから私も一緒に」といった、早まるなと言いたくなるケースも含まれているようだ。「ツーリズム」の倫理的問題は生殖ツーリズムとして前章で述べた。精子や卵子や腹を国内では買いにくいから外国に渡航して、というのは問題があるが、死を手伝ったり手伝ってもらったりするのも国内は規制されるから外国で、というのも問題がある。そこには、いのちの始まりや終わりをビジネスとして扱う者が出てくるし、カネさえ払えば悩まなくていいという者が出てくる。昔なら国境や国ごとの慣習が歯止めとなることでもう一度じっくり考えることができたであろうに、今は「グローバルな自由化」で安直な道へすぐ走り出す駆動力がかかってしまう。国際化は悪いことではないが、ここでは問題点が目につく。

3　日本の「尊厳死法案」と賛否両論

「尊厳死法制化を考える議員連盟」の案

超高齢社会で「死ににくく」なり「医療費がかさむ」ようになった今の日本では、「さっさと死のう。死なせよう」という「圧力」がかかりやすくなった。家族も医師も大変だし何より本人がこの状態で生き続けたくないでしょう、という柔らかな言い回しが、役立たずは早く死ね、という意味を持って世間を支配する。これこそが「無言の圧力」である。治療に当たる医師でさえ、医療資源配分などを考えると、ついこのムードに乗ってしまうことがある。そして医師たちには、死の直前まで面倒を見たのに自殺幇助だの人殺し同然だのと言われるのは心外だから、「死なせてよい基準」をはっきりさせてほしい、と思う人がかなりいるらしい。

そうした医師たちと日本尊厳死協会の後押しを受けて、「尊厳死法制化を考える議員連盟」が二〇〇四年に結成され、「終末期の医療における患者の意思の尊重に関する法律案」を二〇一二年に「公表」した。今後、法が成立したとしても、法律案には「施行後三年をめどに検討し措置を講ずる」との附則が設けられているから、その後の改廃を議論するためにも、根本の倫理から考えておくことには意味がある。以下では、マスコミ等の慣例にならってこの法律案を「尊厳死法案」、作られようとする法を「尊厳死法」と呼ぶ。

この尊厳死法案は、⑴回復の見込みがなく、⑵死期間近なら、⑶一五歳以上で延命不希望意思表示があれば、⑷二人以上の医師の判断で尊厳死を認め、⑸医師は死なせても免責される、というのが要点である。法案には第一案と第二案があり、第一案は「延命措置の不開始」を、第二案は「延命措置の中止等」を尊厳死をもたらす方法についてのキーワードとしている。前者ではたとえば人工呼吸器をつけるかつけないかの判断に関わるが、後者はつけた後の途中での取り外しの判断にも関わるから、後者の方が広範囲を指す。「開始時点に限ると途中で延命をやめたくなった時に困るから、開始不開始も中止も含む〝中止等〟という言葉にしよう」という計算が働いたのであろう。障害者や難病患者の団体は、「私たちは日常的に人工呼吸器などのいわゆる延命機器に頼っているのに、〝延命措置中止〟を法制化されると死へと追い詰められる。延命不希望でなく延命希望だと意思表示すればよいではないか、と反論されるかもしれないが、〝無言の圧力〟は生きたいと言いにくくさせるのだ」と反対している。議員勢力の趨勢によっては、公聴会などで反対意見も一度は聞いたとして、国会で短時間のみの審議で強行採決される可能性もある。おそらく第二案が前面に出されるだろう。

法制化賛成論

法制化への賛成論は、医師会などに多い。おおむね次のような理屈である。

長寿化で高齢患者が「なかなか死んでくれなくなった」から医師は大変だ。医師だけでなく家族も何年も世話し続けねばならないし、医療費もかさむ。医師にとっては「儲けの薄い」部門に長く手を取られることになる。老人医療費で国家財政が食いつぶされる。

昔も実は、消極的安楽死くらいのことはやっていた。医師と患者（あるいはその家族）との「あうんの呼吸」で患者をあの世に送っていた。ところが最近は患者の「地位が上がってきて」やりにくくなった。面倒な説明をして、同意を時には書面で取って、それでも後々文句を言われかねない。だから法でてきぱき進む手順を定めて、これをすませば死なせても免責されるという「お墨付き」が欲しい。

患者の中には「無駄に長生き」したくない人もいる。「ピンピンコロリ」（元気にピンピン生きて、死ぬときはコロリと逝く）は多くの人の願いだ。死に際でじたばたしたくないし、家族に世話をかけるのも嫌だ。「死の自己決定」もあってよいではないか。これこれの手続きを終えたら死ねる、という法的な裏付けが欲しい。

法制化反対論

法制化への反対論は、障害者・難病患者団体のほか、弁護士会や人権団体に多い。おおむね次のような理屈である。

法制化すると、障害者や難病患者が「無駄に長生き」していると見なされ、「稼ぎもせず国家予算を食いつぶすなら早目に死んでくれればいいのに」という眼差しで、死を選ぶようにと追い詰められる。あからさまにそうは言わないだろうが、特に余裕がなくなると切り詰める方向に世の中は傾くものだ。

さらに、法案には「本人の自由意思による」「いつでも撤回できる」と書いてあるが、医療費や介護・看護負担のことを考えると遠慮させられがちになる。資源をどんどん使わせてくれとは言いにくい。病者や障害者にはそんな「肩身の狭い」思いをしてきた人が多い。これからどんどん増える高齢者も、「自由意思でどこまでも長生きを望む」と言える人は少ないだろうし、「寝たきりになったらすぐ死なせてくれと宣言していたが、撤回してもう少し生きたい」と言える人も少ないだろう。

尊厳死法ができると、死を受け入れることが尊厳だという風潮になる。世間は、死ぬギリギリまで丁寧に治療し支援しようと考えるのをやめて、早期に諦めるのが本人のためだし社会のためだと考えるようになる。「さっさと切り捨てるべきだ」という意見ばかりが正当化される。

4　「倫理」から見た「法制化」への疑問

功利主義を「効率主義」とするなら

では、いのちの終焉のあり方というベーシックな問題を、尊厳死法制化というプラクティカルな時局で、改めて倫理から考えてみよう。やはり、功利主義・義務論・徳倫理学に照らすという試みを踏まえておく。

功利主義は尊厳死法案に賛成するだろうか。功利主義を「効率主義」という色彩でとらえるなら、「さっさと死なせる」方が医療者も家族も体力的には楽になって歓迎できる、という発想になる。社会的利益を生む側にはなれずに使うだけの人なら「退去」してくれた方が資源節約になるだろうと考えれば、尊厳死法は功利主義の倫理に沿っていると言えそうである。

ただし、功利主義を推進する人全員が尊厳死法賛成とは言い切れない。「多くの人の幸せの総量」を考えたとき、「弱者の早めの追い出し」でよいかどうかは疑問の余地がある。「弱者」とされる人が増えそうな世の中だと、「社会の総量のマイナスには当たらない」とも言っていられなくなる。「弱者を支え、共に生きることに幸せを見出す人」がいる世の中だと、その幸せを減らすべきではない。こんな考え方もできなくはない。

義務論アプローチは賛否どちらにも

義務論からアプローチすると、どんな推論になるだろうか。おそらく義務論からは、尊厳死法賛成の推論も反対の推論も可能と思われる。

まず直感的には、「尊厳」と「死」とを直結させるのは間違いであり、尊厳死法には反対すべきではないか、という推論が出てくる。義務論からすれば、「尊厳」はそのものがまず存在して何かの振る舞いをなすことから始まるから、存在の消去が尊厳だ、とは語りにくい。人間として、死ぬことで得られる尊厳などなく、生を全うしてこそ尊厳を語れるのではないか。ある生のあり方を指して、それでは尊厳を汚すから死の方がマシだ、という主張は、その生への包容が足りなかったり偏見が強かったりしているからではないか。

しかし、尊厳死法に賛成する推論を義務論から導くこともできる。「他者に対する不完全義務」として、自分は長生きしすぎず後の人々に資源をなるべく残してあげるべきだ、という主張はありうるのである。自分なりの尊厳はもう示し終えられるから、後は他の人が尊厳を発揮できる場所を空けてやるのが最後の義務だ、という立論は可能かもしれない。

徳倫理学は「他者への徳」と「自己への徳」で分かれるかも

徳倫理学ではどんな推論が成り立つだろうか。ここでは、徳を「他者への徳」として考えるか、「自己への徳」として考えるか、それによって分かれるように思える。

まず、「他者への徳」という考えから、尊厳死法反対の推論を導きうる。人はそれぞれなりに徳を育んで生きようとする。そのときに、たまたま健康を自分の長所とできる者が、健康を長所とできず他の特性を模索する者を非難して追い払おうとするのは、それこそ他者に向ける眼差しに徳が欠けている。つまり、元気な者の都合で弱者に肩身の狭い思いをさせるのは人の徳ではない、ということである。

しかし、「自己への徳」という考えから、尊厳死法賛成の推論も導きうる。「私の徳」とは「私が磨いている卓越性」である。その卓越性が心身の衰えゆえにこれ以上は伸びず、発揮できず、むしろ減少していると感じられるなら、最後の力をよき終止符の打ち方に注いでもよいのではないか。つまり、自己の卓越性が枯れてきたら自ら立ち去るのも徳である、ということである。その「枯れ」の判断に過度の自己卑下があってはほしくないが。

「倫」の「理」の本質から考えると

倫理とは「人間集団」の「筋の通し方」である、と繰り返し述べてきた。倫理の本質を考えようとするとき、「人どうし」の「よき空気づくり」の努力こそが大切なのだ、という命題が浮上する。そこで、この尊厳死の法制化に改めて目を向けると、「長生きしすぎる人が増えて手間もカネもかかるのに、人権だの合意形成だのと気を遣うことばかりだから、いっそ法で決めて楽に選別できるようにしよう」という流れに見える。それはやはり、倫理としての本道ではないだろう。

昔ながらの「あうんの呼吸」でよいとは言わない。昔は医師が「あ」と言えば患者やその家族が「うん」と言うことを強いられていただろうし、長く悩む間もなく医療手段が尽きて死んでいった。相互理解は対等になされるべきだし、延命手段がいくつかある現代だからこそ選択と決断が必要な場合はある。

しかし今、尊厳死法を待望する側には、死に際の苦悩や面倒から「もう少し楽をして逃げたい」と思っている人がかなりいるように見える。医師で言えば、死にゆく患者の看取りを誠実に重ねてきている人は、尊厳死法などできてもできなくてもやるべきことは一緒だと思っており、死に近い患者と向き合うことを省略したがる人は、尊厳死法が手軽なルーティーン（お決まりの手続き）を与えてくれることを望んでいる。前者の医師、後者の医師、両方と話をしてきて、私自身や私の家族に終末期が来たら、前者に身を委ねたいと思う。

「手軽なルーティーン」と今述べた。そうなのだ。問題なのは「ルーティーン化すること」なのだ。そのことを図らずも言い表しているのが「延命措置」という言葉だ。尊厳死法案は「延命措置」を問題としているが、延命は「措置」ではなく本来は「治療」である。「措置」とあえて書くところにすでに、「そもそも無益なのだけれど、かわいそうだから施してやっていたのだ。あとは手続き通り処理してやるから文句を言うな」というおごりを感じる。このおごりこそが「尊厳」をゆがめる。

本当に「これ以上生かし続けても、誰にとっても意味はないよ」と言える終末期状態が、あるいは存在するのかもしれない。しかし、「意味はない」を誰が決めるのか。本人か家族に言わせればよいのか。「誰にとっても意味はないこと」を判断の指標とするなら、周囲の人々全員の感性を鈍らせて「楽になろう」といざなうのが一番簡単な策となる。そうはしない方向で考え抜いて、手を尽くして、本当に最後の最後には周囲の者みんなで死を受容するのだという「尊厳」が、この法案の文面には感じられない。

法案はウェブ上で検索すればすぐに閲覧できるので、ここで全文を掲げることはしないが、たとえば第十三条「この法律の適用に当たっては、生命を維持するための措置を必要とする障害者等の尊厳を害することのないように留意しなければならない」の「障害者等の尊厳を害することのないように」という記述は、唐突であり抽象的であり、アリバイ的に入れただけに見える。これを裏付けるように、第三条や第十一条の「終末期の医療に対する国民の理解」を国や地方公共団体が啓発しなければならない、という記述は、終末期になったら早く諦めよという文脈になっており、むしろ「死の正当化路線」が敷かれているように見える。

今回の法案の文面にもだが、その法案が提出された経緯に私は引っかかっている。「死にやすい（死なせやすい）制度作り」ばかりが語られて「生きやすい（生き抜くための）制度作り」を考えている気配がないことに、である。倫理は、雰囲気や気配として存在する。倫理的な方針が具体的な社会制度として顕現する瞬間に、どんな気配が世の中にあるかは、その制度がどう運用されるかを予見するうえで重要である。「生きやすい制度作り」をサボったまま「死にやすい制度作り」に腐心する今の流れは、「本末転倒」だと言わねばならない。人はいつかは死ぬ。死ぬこと、そして死を意識しながら生きること、これが人間の宿命だ。それでも、生を全うしたうえでなら死を受容できる、というのがこの宿命に耐えられる唯一の答えだ、と私は考える。そうだ。「生を全うする」ことが「本」であり、その果てに、まさに「末」として「死の受容」がある。そこでの「本末転倒」は批判されるべきだ。

こうは言っても、「ルーティーン化」の時流は簡単には止められない。それでも批判すべき点は批判し続け、法案審議の過程、仮に成立してしまうなら運用の過程、施行三年後とされる改正の過程に、厳しい目を注ぐ必要があるだろう。

第10章　地球温暖化への対策と倫理

1　地球温暖化と京都議定書

温暖化の進行と国際的な取り組み

環境問題が、地域ごと、国ごとの公害・汚染問題を超えて、地球規模の環境破壊として認識されるようになって数十年がたつ。二〇世紀半ば過ぎまでは地域ごとの工業化の副産物として国内政策で対処しようとしていたものが、今や世界の産業の規模拡大により、国境を越える被害と地球丸ごとの生態系破壊に国際協力で対処せねばならなくなったのである。その世界共通問題の大きなものとしてあるのが、地球温暖化である。

一八世紀後半から始まった産業革命、特に二〇世紀後半からの世界の工業化で、二酸化炭素などの排出が急激に増加した。これら「温室効果ガス」の急増で地球平均気温が急激に上昇し、農漁業被害や疫病拡大の心配はもとより、そもそも生態系全体が変化に追いつけずに人類も諸生物も今までのように地球表面では生きていけなくなるのではないか、と不安が語られている。最後の氷河期が終わってから一万年間、地球平均気温は摂氏一五度プラスマイナス一度の範囲で緩やかに収まっていたのに、ここ一〇〇年で急に一度上昇した、向こう一〇〇年でさらに四度上昇するだろうとなると、この急上昇に地球は耐えられまいと予想される。

国際的な取り組みの軸になってきたのが、一九九二年に国連で採択された気候変動枠組条約である。九五年から年一回の締約国会議（COP）が開かれており、九七年には日本の京都で第三回締約国会議（COP3）が開かれて「京都議定書」が採択された。ここに、二酸化炭素など六種類の温室効果ガスについて、先進諸国は削減することが義務づけられた。数値目標を立てて国際的に削減を約束するというのは、当時としては画期的であった。

先進諸国全体では、二〇〇八～二〇一二年平均で一九九〇年比五・二パーセント削減が目標とされ、日本は六パーセント、アメリカは七パーセント、EUは八パーセントを削減する、というのが京都議定書の要点である。この中では日本の削減目標値が一番少ないが、日本には「一九七〇年代の二回のオイルショックを経て省エネルギーをすでにやり切っており、一九九〇年比とされると〝余裕〟のある欧米とは事情が違う」というそれなりの言い分があったようだ。

とにもかくにも温暖化防止に踏み出したわけだが、まずは「先進国」だけがガス削減義務を負うものであり、中国やインドなどの「中進国」（発展途上国とされながらも中レベルには先進国になりかけている国）は削減義務を負わない、ということになった。「途上国（特に中進国）もそれなりに義務を」との意見は議定書採択前からあったが、「今までの環境破壊（特に温暖化）の責任は先進国にある」という声に押されて、途上国のガス削減への参加はとりあえず先送りとなった。

京都議定書からその削減目標期間まで

議定書は採択されても、その後に各国に持ち帰って国内議会で承認を得る「批准」という手続きが残る。当時世界第一位のガス排出国アメリカは、共和党と産業界の反対が強く、国内批准を早々に諦めて二〇〇一年に京都議定書離脱を宣言する。「中国など、これからガス排出量が増える国を規制しない議定書は効果がない」とその理由を語った。当時第二位のガス排出国ロシアも国内に反対勢力があって批准に手間取り、議定書の国際的な「発効」は二〇〇五年まで遅れた。

また、この間に「京都メカニズム」と呼ばれる柔軟化措置が導入された。これは要するに、実際にガス削減はしていないが数値上は削減したと見なせる措置で、ガス排出許容枠をカネで売り買いする排出権取引、森林によるガス吸収分をある程度は削減にカウントする方式などが認められた。倫理的にも削減実効性からも許しがたい「抜け穴」なのだが、ここまで認めないと諸国の協力が取り付けられなかったのである。

さて、目標期間二〇一二年までの結果はどうだったか。一応は目標達成となったようである。EUは十数パーセント削減したことになっているし、日本も二〇一一年の福島原発事故から火力発電が増えて二酸化炭素排出増となり、目標達成が難しくなったが、京都メカニズムもフルに使って、二〇〇八～一二年平均では六パーセント削減を果たしたことになっている。

2　「ポスト京都」の行方

京都議定書の弱点の表面化

右で指摘したように、京都議定書の最大の弱点は、先進国と呼ばれ議定書を批准した一部の国しか温室効果ガス削減義務を負っていないことであった。そのガスの中でも量的に大部分を占める二酸化炭素で言うと、現実には二〇〇七年ごろから中国が年間排出量で世界第一位となったし、インドがアメリカに次いで第三位となった。他の途上国も産業化し始めており、議定書目標が達成されても世界の二酸化炭素排出量は増えている。たしかに、議定書採択時点では、先進諸国が二酸化炭素排出量の多くを占めていたが、今はそれ以外の国々の排出量の方が多くなっている。もはや先進国（たとえば

ＯＥＣＤ加盟の三十余国）だけが削減しても地球温暖化は防止できない。

そもそも、京都議定書が二〇一二年までの限られた先進国のみを拘束するとされたのは、二〇一三年以降についてはその数年前に「新議定書」を作って途上国も巻き込んだ第二次削減計画を進める、という算段があったからだ。ところが、京都議定書の発効も二〇〇五年にずれ込んだし、毎年ＣＯＰを重ねても次の議定書は決まらない。京都議定書拘束期間の次をどうするかという「ポスト京都」問題は決着がつかないまま、二〇一三年に突入してしまった。この間、アメリカは「今度こそ途上国もガス削減義務づけを！」と主張しているし、日本やカナダもこの主張に同調している。とりあえずＣＯＰでは、「二〇一三〜一九年は京都議定書の内容を延長して行う」という話になったが、これにアメリカ・日本・カナダは同意していない。京都と名のつく議定書に、二〇一三年以降の日本は縛られていないという立場を取っている。

ＩＰＣＣ報告書に見る深刻な現状

この間に、ＩＰＣＣ（気候変動に関する政府間パネル）が第五次評価報告書を出した。ＩＰＣＣは、国際的な科学者組織として一九八八年に設立されたもので、二〇〇七年の第四次報告書の時にはノーベル平和賞を受賞している。そして二〇一三〜一四年の第五次報告書には、次のように書かれている。

(1)　地球温暖化の原因の七八パーセントは、化石燃料（特に石炭）の使用と工業化である。

(2)　地球平均地上気温は、データが存在する一八八〇年から二〇一二年の期間に〇・八五度上昇した。世界平均海面水位は、一九〇一年から二〇一〇年の期間に〇・一九メートル上昇した。二酸化炭素の累積排出量と世界平均地上気温の上昇量は、ほぼ比例関係にある。

(3)　このまま放置すると、二一〇〇年には今より気温は二・六～四・八度、海面水位は〇・四五～〇・八二メートル上昇する。

(4)　気温が四度以上上昇すると、農水産物に大きな影響が出て世界の食糧危機、安全脅威が起こりかねない。上昇を二度未満に抑えても、適応するには相当な備えが必要となる。

(5)　気温上昇を二度未満に抑えるには、二〇五〇年までに世界の温室効果ガス排出量を二〇一〇年比で四一～七四パーセント削減する必要がある。

(6)　ガス削減には低炭素エネルギーへの根本的な変革、国際協力が必要である。

以上のように、事態は深刻である。「温暖化を最近の工業化と結びつける根拠はない」とか「そもそも温暖化が長期的事実なのかはわからない」といった否定論がいまだに語られることがある。しかし諸データの裏付けを見ると、やはり地球温暖化は、人間の化石燃料使用と工業化がその原因であると認めて、対策を考える必要があるだろう。

新議定書の採択・発効への道

「二〇一三年からポスト京都の新議定書を発効させて世界中でガス削減を実行する」というシナリオはすでに崩れている。当面、「二〇一九年までは京都議定書の内容を延長」ということになっているが、不同意の国は多い。日本も、ガス削減には努めるが、途上国も削減を約束しない限り、京都議定書のような削減数値を率先して掲げることはしない、という立場を取っている。

ここ数年のCOPでは、「二〇二〇年から新議定書を発効させる。そのためには二〇一五年末のCOP21で採択する」というのが共通方針となっている。（本書執筆時点ではCOP21を見届けられないが）この方針の実現はずれ込むかもしれないし、合意される削減目標は締約諸国の利害が絡んであまり高水準にならないかもしれない。あるいは、国際世論に押されて高水準の目標が掲げられても、実効性を疑わせる付帯条件が付くかもしれない。そして特に、途上国もガス削減目標を共有できるかは、大きな課題である。

各国の動向を見ていると、たとえばアメリカは、旧来の途上国（具体的には中国とインド）がガス削減に舵を切ることを条件としつつ、削減幅は小さいながらも削減目標を示し始めている（とはいえ、産業界と共和党の圧力でその目標も後退するかもしれない）。中国は、「過去の二酸化炭素排出は我が国の責任ではない」と抗弁してきたが、最近は年間排出量だけでなく「累積」排出量ですら世界最大になりかけているので、「近い将来には排出量を横ばいに抑え、遠い将来には削減に転じる」といったささやかな目標を掲げるようになってきた。日本はと言えば、福島原発事故からエネルギー政策が定まらず目標提示が遅れてきたが、「他の国々と比べて遜色のない」ガス削減をする、と語り始めている。

それぞれの国の削減計画には、比較する基準年を日本なら二〇一三年とするなど、自国に都合よい解釈も垣間見える。それでも、二〇二五～三〇年には二〇～三〇パーセント減らすだとか、二〇五〇年には八〇パーセント減らすだとかの目標を考えてはいるようで、IPCCの警告を真面目に受け止めようとする気配はある。しかし、日本なら「火力発電を減らすために原発は使う」というのが政府案だし、他国の削減案にも実現計画が伴っていない部分が多い。途上国のいくつかの案には、「無策の場合と比較して〇〇パーセント減らす」というものもあって、これではガス増大の上昇カーブが緩やかになるだけでガス排出量そのものはかなり増えそうである。新議定書を多くの国の参加で採択し発効にこぎつけるのも大変だが、その計画の実行にはかなりの困難が待ち受けている。

3　温暖化問題と世代間倫理、地球全体主義

地球温暖化を倫理から考える

さて、ここまでで地球温暖化のプラクティカルな現状を確認してきた。工学技術の書なら、ここからはたとえば排出二酸化炭素を地下に固定する方法の実現性などに話が進むのだが、本書は倫理学の

書である。人類の倫理として、世界の先進諸国と発展途上諸国に、現在と未来の人々に、何を語れるかを考えたい。その語りによって、たとえば次の議定書、そのまた次の議定書を作る際の合意形成の方針や、為政者たちの環境政策立案や、それらを支える世論の動向において、何か土台となるものが見えてくればと思う。

環境倫理の「三大テーマ」として、第一に自然中心主義あるいは自然の権利、第二に世代間倫理、第三に地球全体主義が議論の俎上に載っている、とすでに説明した。その流れから言えば、まずは自然中心主義にいくらか与することで地球温暖化への対処法が見えてくるかを論じることになるが、その論じ方はあまり有効ではないだろう。IPCC報告書からも確認してきたように、今日の地球温暖化は産業化という極めて人間的な営みが原因となっており、この急変化に早急に対処するにはすぐれて人間的な知恵（高度な技法あるいは意識的な抑制）が必要と考えられるからだ。たんに「自然が主役だ」「自然界のふところに人類も抱かれよ」と訴えても、人類が産業を捨てて七〇億人口が（仮に少しずつ減らすとしても）存続できるわけではない。温暖化は、ここ三〇年か五〇年が勝負、という人間的対処を求められる問題なのである。

他方、三大テーマの世代間倫理と地球全体主義については、「倫理から温暖化を考える」という論じ方がありそうである。その議論に取り組んでみよう。

世代間倫理は地球温暖化に何を語りかけるか

世代間倫理は、「現代世代が未来世代への責任を自覚し、世代にまたがるような倫理意識を持つ」ということである。地球温暖化は、「地球は今のところは持ちこたえられても一〇〇年後は危ない」という問題であるから、自分の死後のこの世のことも考えようということである。つまり、「未来世代のために温暖化をくい止める責任が我々現代世代にあるのだ」と当然のように考えるべきだ、とは言える。「未来予知は困難（当たっているか実証できない）。よって対策も困難（やっても有効とは限らない）」という言い訳は、ＩＰＣＣ報告書から考えても不誠実であろう。

しかし、どの未来世代への責任をどの程度考えるかによって、目標設定も実行ペースも変わってくる。温室効果ガスの急激な削減は、今の産業と経済サイクルの直近にある次世代には無理である。「一〇年後にガス排出になる活動を全てやめます」と言っても、生活手段を奪われて生きられなくなるだけである。しかし逆に、ゆっくりならいいのか。今の電力消費などのペースに慣れ切っている人々が、自分はもう意識を変えられないが、我々の後の人たちが世代交代するうちに徐々に省エネしてくれるように申し送ろう、と言って間に合うとは思えない。

やはり、ＩＰＣＣの予測やＣＯＰの目標が適切に実行できる「未来」を、責任の継承として構想する必要がある。ＩＰＣＣの二〇一三～一四年第五次報告書でもその前の二〇〇七年第四次報告書でも、「放置すれば二一〇〇年にはこうなってしまう。くい止めるには三〇～五〇年以内にこの程度はやるべき」といった指針は示されていた。それは多くの人が納得せざるを得ない内容であり、自分が生き続けて我が子や次世代に考えや技術を直接伝えられる、向こう数十年を規定するものである。自分が死んだ後でも、直接の影響を与えた世代が生きている時代までは、確実に予測と責任を引き受けるべきだろう。

世代間倫理をめぐる過去数十年の議論で、「何世代先まで、何百年先まで倫理が及ぶと言えるのか。どんな責任を持てと言うのか」が問われた。明確な答えが一つにまとまっているわけではないが、前者の問いに対しては「近い未来世代とは倫理を共有すべきであろう」と答える人は多く、子や孫の世代は倫理的配慮の対象だと十分に考えられる。後者の問いに対しては、私はヨナス（本書第5章第2節も参照）の『責任という原理』の「責任ある行為が将来的にも成立可能であり続けるという責任」（邦訳書二〇四頁）という文脈を踏まえてこう答えることにしている。いつの、どこの人々であれ、その未来の人々も責任ある行動を取り続けられるように私たちが行動しておくこと、これが私たちの責任である。次世代に「先代さんたちはここまでは責任を感じてやってくれたのだから、私たちも同程度以上には努力しよう」と思ってもらえれば一応は合格、ということである。逆に、「あの岐路で方向転換すべきとわかっていたであろうに、なぜ問題先送りでずるずるここまで来たのか。もはや手のほどこしようがない」という状況に追い詰めるなら失格、ということである。

地球全体主義は温暖化対策を発動できるのか

地球全体主義は、「個々の人々や国々の利害を超えて、地球全体の利益を優先せよ。全体のことを考えて実行する集中管理機構が必要だ」と訴えてくる。全体主義という言葉は、歴史的には軍事独裁や専制君主の悪しき政治体制を想起させ、イメージはよくない。しかし、京都議定書採択前後の時期のゴタゴタ、新議定書の難航を見ていると、全体主義的手法でも取らないと地球を救うことはできないのではないか、と思えるときがある。

そうは言っても、すでに現代史としてたどり着いた国々の姿があり、曲がりなりにも自治権がある。ここを出発点にせざるを得ないが、さあどうすればよいか……と見渡してみるのだが、たとえばアメリカは、経済大国の身勝手がしばしば目につき、共和党が政権の中心となる時期には、民主党政権時よりも産業界にすり寄った政策となりそうなので、ますます経済優先となりそうだ。中国は、経済・産業では露骨な資本主義手法で、国内の公害や海外資源への食い込み方を見ると、近代資本主義諸国の悪しき面ばかりを真似していて、環境や人権について歴史の教訓に学んでいないように見える。インドは、「二酸化炭素排出量を国民一人当たりでみると少ない方だから環境責任はまだない」との立場を崩さず、国内の貧富差拡大（そして環境格差拡大）も許している。日本はと言うと、原発問題で右往左往するうちに、「京都」と名のつく議定書であるにもかかわらず二〇一三年からは無視している。どこでどう、これらの国々が歩み寄れるのだろうか。

ＩＰＣＣは、科学的提言をする機関であって、世界の政策決定をするわけではない。ＣＯＰは、今は毎年一一～一二月に開かれているが、南北対立は根深いし、日米欧の北北対立まで垣間見える。誰が全体をまとめられるのだろうか。

おそらく、「排出大国」は環境対策のリーダーには不適格なのだろう。国内産業システムを自主的に改めるのも一苦労だろうし、「対策」が自国都合優先で作られやすい（また、そう作られていると他国から見られやすい）からだ。そこで、先進国と途上国をつなぐ立場に立てる国や市民組織が、いくらかでも説得力を持てるようになれば、「温暖化対策はここところから」と提言して受け入れられることがあるかもしれない。大きな利害関係に左右されない「良識」は、そんなところから発信されうるのではないか。「何を提言しているか」は当然重要なのだが、「誰が提言しているか」も意外と重要である。皆が「聞き入れやすい」人が存在することが、プラクティカルには重要だと思える。

地球全体主義で温暖化対策をやるのか、というシンプルな問いには、こう答えよう。大上段に「地球全体主義を是とする、あるいはやむなしとする」と言ってＣＯＰと国連を動かそうとしても、うまくは行くまい。既存勢力の利害が絡み合っているからだ。ＥＵは、二〇一三年以降も京都議定書の内容を延長することに率先して賛成するなど、日米よりは良識的なところがあるが、そのＥＵとて経済格差などを抱えていて一枚岩ではない。イギリスや、財政危機を迎えた国がいつＥＵを離脱しないとも限らないし、そのイギリスも内にはスコットランド離脱問題を抱えている。先に述べた「皆が聞き入れやすい人」あるいは聞き入れざるを得ない人がいること、これがポイントである。たとえば、環境NGO（市民などによる非政府組織）が国境を越えて共同提案をCOPに出すことに成功すれば、それをタイミングよく議長国が後押しすれば、国際世論は逆らう排出大国を許さないだろう。そんな草の根的な運動体が結果的にはまとめ役にもなっている、となれば、「地球全体」の思想は「全体主義」という言葉を裏切りながらまとまりの実体を手に入れられるかもしれない。

4　功利主義倫理学から考える温暖化対策

規範理論としての義務論、徳倫理学の使いにくさ

世代間倫理と地球全体主義を倫理的推論の材料として温暖化問題を論じてきたが、本書では規範理論としての功利主義、義務論、徳倫理学も扱っている。こちらの面から、温暖化対策のあり方について何か言えることはあるだろうか。

実は、義務論と徳倫理学はここでは使いにくい。地球温暖化は、経済的利害関係としての資源・エネルギー・開発問題と表裏一体にある。食い扶持の取り分という実利直結の問題が先鋭化するので、「理性的自律」とか「善であり正である意志」といった義務論的スローガンを掲げても、「対策」にはつながりにくいのである。また、縄張り争いをギリギリの妥協で収めてきた現実を見ると、「人とし

ての卓越性」とか「行為よりも性格のよさ」といった徳倫理学的理念も、「結果」を得るにはあまり役立たないと言われそうである。

義務や徳という考え方がプラクティカルな問題一般に対して無力だ、とは言わない。ただ、焦眉の課題がありすでにそれが実際の勢力図の中でうごめいているときに、ある種「真っ当な」テーゼはその「真っ当さ」ゆえにかえって、利害関係にまみれている人々を収めるには使い勝手が悪そうなのである。どこか妥協点を探し出してとりあえずホッとできたときに、理念的目標をじっくり想起して次の歩みの戒めとする、というのが現実の人間たちの生き方なのかもしれない。

功利主義的な立論の可能性

功利主義なら何か可能性があるか。ある種の「実利」にかなう妥結策を、功利主義的な立論から考える余地はあると見る。対立する南北諸国それぞれに「それなりの利益」を示して譲り合うように仕向けながら、「全体利益の最大化」を現実的な予測の下で語る手はあると考えるのである。

京都議定書の発効までに採られた「京都メカニズム」という柔軟化措置がすでに、カネや技術の取引でガス削減目標を達成する（達成したように見せる）裏ワザであった。それがよいとは言わないが、経済的なインセンティブを与えながら結果として温暖化防止にある程度は協力させたわけで、現実的な作戦として一応は機能した。ならば、建国の伝統から功利的合理性を是とするアメリカと、二〇世紀型共産主義をやめて（あの共産主義方式ゆえに開発に後れを取ったのだとあせるから尋常以上に）今は資本主義的利得に傾斜する中国とを、功利主義から巻き込む策はありそうだ。現実に経済大国として地球環境対策の成否を左右してしまうこの両国に、「体面から考えてもそうした方が得だ」と受け入れさせる方策を考えるのである。そこが世界をまとめられるかどうかの分岐点になる。

では、具体的にはどういう方策が考えられるか。アメリカとも中国とも立場を異にする国が、技術力と政策力をもって、「貴国がこのように一歩譲ってくれればライバル国はもっと譲らざるを得ないという国際世論になり、貴国は名誉も実利も手に入るのですよ」と言える提案を出せれば、事態は動くのではないか。日本にその役割が果たせるか。省エネなどの技術力はあっても政策力となると難しいかもしれない。もし「国」という単位にこだわらないでよいのなら、環境学者や市民活動者が国際的に連携して提案を出すことも考えられる。まだ「この市民ネットワークが世界に環境革命を起こす」と言えるほどの実例はないが、学者や市民グループの声明文といった小さな試みはあり、うまく連携して大きなうねりを作り出す可能性はあると思う。

今の時代、国際的な世論や市民レベルの評判は重要性を増している。ネット社会になって、扇情的な風評が不要な被害をもたらすこともあるが、ある声が良識にかなうと多方面から支持されれば、「大国」もその方向を無視できなくなる。「皆が得する」というわけには簡単には行かないが、「損はしないし尊敬されるなら長い目では得かも」との「功利計算」が成り立つ立論は、不可能ではないと考える。それが、「この温暖化対策ならビジネスとしても成立するし、儲けは薄くても国際貢献の栄誉はカネ以上の利得となる」と思える案に結びつくことを望みたい。

第11章　原発・エネルギー問題と倫理

1　そもそも原子力発電とは？　その管理、危険性は？

核分裂から発電へ

二〇一一年三月一一日の東日本大震災とそれに続く福島原発大事故は、日本列島が自然災害と隣り合わせにあることを改めて実感させてくれたし、世界が、特に日本が原子力発電を保有し続けてよいかどうかを本気で考えさせてくれた。被害を受けた人たち、避難を強いられている人たちのことを思うと心が痛む。そして、原発反対と口では言っていても、この現状を変える力を持てなかった者の一人として、自責の念を感じる。

この「三・一一」以降、原子力発電のそもそものメカニズムを初心者に説明する書籍やウェブサイトは増えた。本書は倫理学の書なので、その部分に多くの紙幅を割くことはしないが、原子力発電に関わる倫理的問題を認識する出発点として、いくらか記述しておこう。

核分裂の際に発生するエネルギーを利用するというのが、原子力発電メカニズムの出発点である（核融合エネルギーの方は、今のところ実用できる段階ではない）。原子は陽子と中性子と電子でできているが、原子核の中に中性子を取り込んだり発生させたりすることで原子核が分裂するのが「核分裂」であり、その際に多大なエネルギーが生まれる。

この核分裂反応は、一度起こると隣の原子核に伝わり、次々と連鎖的に分裂が起こる。この連鎖反応で大量の熱エネルギーを得ることができて、この熱で水を水蒸気に変え、噴出する水蒸気の力でタービンを回して、その回転力を発電につなげるのが原子力発電だ、ということになる。

その「大出力」と、それゆえの「危険」

ウランの核分裂を人為的に起こす技術を、人類は獲得してしまった。この技術が高度なのは、分裂を起こさせることの難しさに加えて、分裂が始まったら連鎖して止まらなくなるのを制御することの難しさがあるからだ。ウランの原子核は連鎖的に分裂し、それが短時間で広がるがゆえにその出力は大きい。可燃物が類焼するのとは桁が違う。だから原子爆弾という大破壊兵器になるわけである。しかしその「大出力」エネルギー源を求める者にとっては魅力と映り、人間が自在に「制御」できて「停止」も意のままにできるなら利用したい、と考える。ここに「核の平和利用」という物言いが誕生する。そもそも核分裂の研究は兵器開発という軍事目的で始められた。そして現在でも、核兵器を使える状態で保持すること、「兵器」の形にしていなくてもその原料と技術を保持することが、対外政策として有効だと考える者がいる。だがそのような者でも、とりあえず口にするのは「平和利用」である。

さて、「平和利用」であれ「軍事目的」であれ魅力のある核分裂だが、厄介なのはその「制御・停止」である。たとえば石炭なら、燃え始めても制御し続ける方法を私たちは知っているし、日常で使用するときは燃え尽きるまで見届けている。燃えている部分を隔離するなり水をかけるなりして、途中で止める方法もわきまえている。ところが核分裂はそうは行かない。分裂のペースを落とすにも、最終的に止めるにも、相当な技術と設備と時間を要する。素人感覚的には、「始まったら止められない」危険なものなのである。しかも大出力だから、手の内からはみ出したときの被害は大きくなる。そんなものを人類は作ってよいのか。使ってよいのか。

こうした疑問や不安に対して物理学者は、「素人感覚を持ち出されても困る。専門家として、核分裂を始めるときから制御して止める方法も考えて開発しており、利用現場にも制御方法は伝わっている」と答えるのかもしれないが、それは高度な専門的技術と設備が正常に働き続ける範囲でのことである。「いったん手の内からはみ出したら止められない」という不安を、素人感覚だと言ってさげすんではならない。正常に働かない、異常な事態が起こりうるのなら、「そもそも私たちの手に余る」という感覚は、人間が新技術の実用に伴う危険を引き受けてよいかを決める指標として、重視すべきである。

より厄介なのは、核分裂に伴って放射線が出されることである。いったん制御から外れると、生命体に十分危険なレベルの放射線が長年にわたって放出され、それが「見えない」ことが危険回避をより困難にさせる。爆発や燃焼はまだ見えるから避け方もわかるが、放射線をピンポイントで避ける感覚を、私たちは持ち合わせていない。専門家が線量を測定して安全宣言を出すというのは、特定の事故現場での後処理の話であって、日常のあらゆる生活現場で「この線量は大丈夫／危険だ」と皆が意識し続けるのは困難だ。一般の生活者としては、日常的に可視化されない危険には恐れを抱く方が、健全な感覚と言える。

核分裂管理の難しさ、トラブルと大事故

まずは、核分裂を管理することの難しさを見ておこう。原子力発電所の中心にあるのは原子炉であるが、これはたんに核分裂を起こして爆発的熱量を発生させればよいというものでは当然ない。核分

裂の際に飛び出す中性子を「減速」させ、どんどん高熱になるのを「冷却」する制御装置、これこそが原子炉である。その減速も冷却も、もちろん高度な技術を要する。安全を維持し管理し続けるのは至難の業である。また、放射性物質が漏れ出すといったトラブルは、福島原発事故以前にもあった。自然災害はいつともわからず襲ってくるし、テロリズムを企てる者にとっては格好の標的となる。これらへの備えが十分とは見えない。

そして実際に大事故が起きた。一九七九年アメリカのスリーマイル島、一九八六年ソ連（今のウクライナ）のチェルノブイリ、二〇一一年日本の福島である。「安全対策は万全にしてあるから、大事故が起こる確率は世界合わせても何百年かに一回」と世界の原発推進技術者たちは言い張っていたが、現にこの三十余年で三回も起こっている。そしてそれぞれに今も被害は終わらず、福島なら廃炉処理だけで最短でも四〇年はかかると言われている。事故の直接的被害だけでなく、居住地の喪失や農業漁業への風評も含む被害も考えると、金額換算できる損害だけでも多大になるし、故郷を失うなどの精神的ダメージは計り知れない。

「核のゴミ」という終わりなき負債

福島原発の事故を教訓に、今後はより厳しく規制して安全が図られるとしよう。それでも、核分裂後の有毒な放射性廃棄物は残る。半減期が数日と短いものもあるが数万年と長いものもあり、この放射性廃棄物、いわゆる「核のゴミ」の管理は、十万年先まで見通さねばならない。そんな長い年月に、誰が責任を持てるだろうか。ガラス固化体にして地下三〇〇メートルに一〇万年埋めるという「地層処分」の場所を、日本のどこに見つけられるだろうか。一時、「モンゴルあたりにカネを払って放射性廃棄物を買い取ってもらおう」という話があった。貧富差につけ込んだとんでもない策略だと思うが、切羽詰まれば本気でやるかもしれない。今でも国内の「貧しい」県に地方交付金をちらつかせて押しつけているのだから。

やはりこの核のゴミは、終わりなき負債となって、日本を、世界を、後々の世代を苦しめることになりそうだ。安全に処理する方法がわかっていない、そして最終処分場が見つかりそうにない、そんなものを作ることが、初めから間違っていたと言える。

日本だけでも五〇基前後ある原子力発電所の放射性廃棄物についてもこのように言えるが、まずその前に、福島の事故で飛散した放射性物質を含むがれきや表土、今も一日三〇〇トン生まれ続ける高濃度汚染水はどうするのだろう。がれき類は福島県内の「中間貯蔵施設」に置かれ始めているが、「中間的一時的」のはずが「半永久的な捨て場」になってしまう危険性は十分にある。汚染水も、貯蔵タンクはやがて満杯となるから、いくらかは毒性を下げて海へ垂れ流すことになるだろう（今すでに、汚染水用施設から漏れ出したり土中の物質が地下水と混ざり合ったりして、いくらかの汚染水は海に出てしまっているが）。もちろん自然界にも有毒物はあるが、それは自然生成物であり自然循環の中で分解されたり薄められたりしてきた。今度は人工的な高濃度毒物である。地球環境の土壌と海は、それに耐えられるだろうか。

2　原発のメリットとデメリット、代替エネルギー

原子力発電のコスト面から見たメリット／デメリット

原子力発電のメリットは従来、日本では次のように強調されていた。第一に、低コストで高出力であるということ。大量に燃やす化石燃料と違って、少量のウランで大きなエネルギーを取り出せて、他の電力源より安価ですむ。第二に、安定供給が可能であるということ。石炭・石油・天然ガスを輸入に頼っていると、経済的にもエネルギー安全保障的にも不安定であるが、ウランなら少量の安定的輸入ですむ。そして使用済み核燃料を再処理して使う「核燃料サイクル」が成功すれば、さらに長期的安定的に資源が保てる。

しかしこのメリット論は、今ではかなり疑わしい。低コストですむと言い、1kWh当たりのコストを低額だと試算してきた。福島事故以降は安全対策コストを上乗せしてやや高額の試算となったが、それでも事故補償費は度外視されているし、事故のない原子炉でも三〇年かかる廃炉過程の費用は度外視されている。これらを倫理的に誠実に算入したら、火力発電よりもコストは高額になるのではな

いか。また、世界のウラン埋蔵量は今のペースで採掘すると一〇〇年分程度と見られ、石油などより早く枯渇しそうである。核燃料サイクルつまり再処理使用の企てはほぼ失敗しており、多くの国がすでに撤退している。日本が再処理にこだわっているのは、「再処理用資源」と呼ばないと全てが「核のゴミ」となり保管してもらっている地域に申し訳が立たないからだ、と見える。

こうして考えてみると、コスト面からはメリット論よりデメリット論の方に分がありそうだ。少なくとも、メリットだらけでデメリットは少ない、とはとても言えない。

原子力発電の環境面から見たメリット／デメリット

また、原子力発電のメリットは、日本では次のように説明されてきた。第一に、少ない原料と施設で高出力を保てるのだから、環境負荷も少ない。燃焼ガスを外に出さないので二酸化炭素排出をなくして地球温暖化対策になる。原発こそ二一世紀を担うクリーンエネルギーなのだ。第二に、原発技術は日本のエネルギーを支えるのみならず、この技術を輸出して外貨も稼げるし、それは平和利用の国際貢献なのだ。

このメリット論にも疑問が呈される。まず、施設を造り原子炉を制御する過程で、二酸化炭素排出にはいくらかは加担する。何よりも放射性廃棄物という二酸化炭素よりずっと危険な有害物を出し、その完全処理はできない。事故が起これば大気中や海にそれが排出されてしまう。事故による環境への実害は大きいし、事故が起こらなくても環境リスクは常態化する。ましてや日本は、地震と火山の国で、原発を置くには一番向かない。安全にたどり着かない技術に、高出力という魅力だけで飛びつくのはやめて、代替エネルギーに知恵と力を回すべきである。原発輸出にしても、危険押しつけのカネ稼ぎは感心しない。想定される相手国は、はっきり言って、原発のリスクよりも電力欲しさに目が向いているし、環境意識や平等意識も高くはない。日本以上に原発の利得は強者に吸い上げられ弱者にはリスクばかりが押しつけられることが予想される国に原発を売り込むのは、倫理に反する。これを「平和」とか「貢献」と呼ぶべきではない。

このように、環境面からもやはり、メリット論よりはデメリット論を支持したくなる論点が多くある。

原発ゼロにはできないのか

さて、原発にデメリットの方が多いなら、日本は原発を廃止してどう電力を確保できるのか、という議論になる。確保できそうにないからやはり原発は「ベースロード電源」として全電力の二二パーセント程度は必要だ、と自公政権（二〇一五年現在）は言う。本当にそうだろうか。二〇年かければ原発ゼロに持って行ける、という科学者・経済学者はたくさんいるし、ドイツなど原発ゼロを政策方針としている国もあるのに。

まず、福島原発事故の後の数年間、日本全国の原発が安全再確認や定期点検で止まったことで「原発電力ゼロ」となりながらも日本中の電力をまかなった、という事実がある。真夏の電力消費ピーク時を毎年の省エネ努力で乗り切ったという実績もある。「電気が足りなくなると困るのはあなたたち国民でしょう。だから原発は止められないのです」という政権与党の「脅し」に、国民は「倫理的努力」でボールを投げ返しているのだ。

これに対し、「その分、火力発電を増やしてしまっている。二酸化炭素排出が増えるし、化石燃料輸入も増えて国富の流出になる」と与党政治家は言う。「国富の流出」という言葉に対しては、「豊かな国土に国民が根を下ろして生活していることが国富であり、これが取り戻せないことが国富の喪失だ」と大飯原発再稼働差し止め判決を出した福井地裁判事の判決文が、一つの反論として成立するだろう。ちなみに、二〇一四年にこの判決を出した判事は、二〇一五年に高浜原発再稼働差し止めの仮処分という決定も出している。（ただし、脱原発派に有利なこれらの判決／決定は、今後の裁判、たとえば高等裁判所ではひっくり返されると見る向きが多い。そして案の定、このベテラン判事は二〇一五年決定の前後に家庭裁判所担当へと配置替えになった。高等裁判所への「出世」はありえないということだ。判事とは定年が見えてきて出世を諦めたときにのみ己の良心と倫理に忠実な判決が書ける職業だ、とある法律家たちはささやいている。）

代替エネルギーの可能性

原発をゼロにしたら／ゼロに近づけたら火力発電増加になるかも、という問題点については、別に論ずべきことがある。原発ゼロを図りながら火力発電も増やさない道として、代替エネルギーが検討されているが、そこにはどんな可能性があるだろうか、ということである。本書は工学や科学技術の書ではないが、現代社会の問題点を指摘して「よりよい道」を考える倫理学の書として、ある程度は論じておこう。

先に火力発電についてだが、二酸化炭素排出があるし化石燃料枯渇の心配もあるので、増やしたくはない。とはいえ、代替エネルギー普及には年月がかかりそうなので、電力確保のためにはすぐ減らすことも難しい。そこで、燃焼効率を高める技術を開発して、また、効率の悪い石炭から効率の良い天然ガスに重心を移すなどして、代替エネルギー普及までのつなぎとして上手に使うことが考えられる。シェールオイル、シェールガス、メタンハイドレートといった、新たに開発されうる地層・海底層の燃焼原料も、石油などの枯渇を心配する立場からは「新資源」として期待される。日本はメタンハイドレートでは資源国になれるかもしれない。とはいえ、これらは燃焼によって二酸化炭素を排出するので、安易に増やしてよいものではない。なお、これら新資源には、開発利権の争い、領海の争いという新たな火種がついて回るので、それへの備えも早目に考えておく必要がある。

さて、二酸化炭素など温室効果ガスの排出が少なく、資源枯渇の心配がない、つまり再生可能なエネルギー源として、一般に挙げられるのは、太陽光、風力、水力（それも巨大ダム開発を要しない中小水力）、地熱、バイオマスである。さらにはまだまだ研究途上だが、波力、潮汐力も考えられる。太陽光と風力は、世界的には再生可能エネルギー（発電源）の代表とされているが、日本ではあまり広がっていない。広がりにくいのには、日本の地理的制約などの理由はあるが、たとえば「固定価格買い取り制度」をより使いやすくするなどして、もう少しは普及を図るべきだろう。私見では、陸上風力発電は日本には適地が少ないが洋上風力発電なら十分に適地が見つかる、と考えている。

中小水力発電も、雨が多く急勾配山脈列島である日本には向いている、と考えている。農業をどう再生し持続可能にするか、すたれた林業をどう復活させ山林保全に結びつけるか、という課題と連動させながら、水の流れをどう活用するかを考える余地は十分にある。たとえば水車は、昔から農村の小川に設置され、水流で回転させて穀物を粉にひくなどの動力を得ていた。自然と溶け合った水車小屋は、日本の田園の原風景である。これを今風にアレンジする道は見つかると思う。

私がひそかに期待を抱いているのは、地熱発電である。日本は火山国であり、地熱の潜在力はインドネシアとアメリカに次いで世界三位と言われる。初期コストの高さ、自然公園の開発規制、地熱を得る掘削が温泉地に与える悪影響の可能性と、ハードルがあるのは承知しているが、慎重ながらも本気で研究し実現に結びつける可能性はあると見ている。核燃料サイクルだのプルサーマル計画だのに投入しているカネと労力をこちらに振り向けてくれればいいのに、と思ってしまう。

いずれの再生可能エネルギーにもハードルはあって、一〇年程度で理想的に実現するというものではない。費用対効果を向上させるには工夫がいる。しかし、原発のリスクがこんなにも明らかになって、これを「安全にやり直す」方がもっと高いコストと年月がかかりそうだ。しかも完全に安全にはならないだろう。原発は建設が一〇年がかりで、稼働できる耐用年数が四〇年、廃炉にはスムーズなケースでも三〇年かかる。その後も廃棄物を地下三〇〇メートルで一〇万年管理する。この間のリスクと手間と苦労を考えると、再生可能エネルギーへシフトすべき理由は十分にある。

3　倫理からの再考

原発は規範倫理原則に反する

ここで倫理から改めて考えると、つまり人々が共に暮らすうえで筋が通っていると納得できるかどうかを考えると、原子力発電はやはり倫理に反している、と言わざるを得ない。本書で語ってきた義務論、徳倫理学という規範倫理学の原則には明らかに反するし、唯一、擁護しうるかもしれないと見られる功利主義の原則でも、やはり弁明はできないと考える。

原発は、放射性廃棄物という有害物を製造してそれを処理し切れないのが現状だ。また、原子爆弾への転用（むしろこちらが最初の利用だったのだが）のリスクをはらみ、世界に原発を広げることは世界に原爆所持の可能性を広げることになる。小国やテロリストが巨大資本主義国に反逆するときの「貧者の兵器」になりかねない。こうした状況を作ることは、尊厳や正しさを追求しようとする「義務論」に反する。また、人としての「よさ」に着目してそこを守り育てようとする「徳倫理学」にも反する。原発は、必要なものを満たすというよりは、不必要なまでに欲望を煽り立て、利権・支配構造の強化に加担しやすい。人が持ちうる善意と悪意のうち、後者の側を表に引き出す（たとえば自暴自棄になって発電所に飛行物を突入させる）機会を増やす。

「功利主義」で考えても、原発が多数者の利益・幸福を増やしているとは言えない。二〇一一年以降の福島県民に与え続けている不幸、それより前から青森県民に押しつけ続けている放射性廃棄物というリスク（政府は資源と産業を与えていると抗弁するが、核燃料サイクルもプルサーマルも実現しないのだからゴミを押しつけているのと同じことだ）、これらのしわ寄せを見ると、多数者の幸福などとは言えない。首都圏住民でさえ「首都圏の多数者が電力で助かっているのだから地方の少数者はどうなってもいい」とは言っていない。「やはりこれでは日本全体が幸福になれない。首都圏が節電してでも原発をなくそう。地方住民が生きられる生活手段は別に創ろう」と言う人が多く、原発廃止の世論は今も高い。

原発は環境倫理原則にも反する

次に、環境倫理の「三大テーマ」（本章第5章を参照）から考えよう。

環境倫理には「世代間倫理」という有力な原則論があるが、これは原発を最も強く否定する倫理原則だろう。原発は利点（多くのエネルギー供給）と欠点（事故やテロのリスクと放射性廃棄物）を有するが、現在世代には利点の方が多く得られるとしても、未来世代には欠点の方が多く押しつけられる。現代世代は、欠点解消策に責任が持てないなら、未来に危険が膨らむばかりのものを使用すべきではない。「研究」も一切やめろとは言わないが、「使用」は責任倫理にかなうと確信できるまで控えるべきだ。

「自然の権利」という環境倫理原則論には賛否両論があるので、「自然の権利」を強く擁護するという原則で考えるのは控えて、「自然との共生」を柔軟に考慮するという原則で推論すると、やはり原発の放射性廃棄物は自然と折り合いをつけて生きる方向に反する。放射線は自然界にもあり人間はそれを浴びていると言うが、それは地球数十億年、人類数百万年の摂理の範囲内でのことである。自然界にも少しはあったのだから人為的にも大量・高強度に排出してよい、というものではない。まして や原発事故現場では、被曝許容度の数値がそれこそ「人為的」に引き上げられ、作業員が危険にさらされている。「俺はもう子をもうける年齢ではない。これから子をもうける若い世代にはさせられないから俺が現場に入るよ」という現場作業員の義俠心に依存するのは、国策としても電力会社方針としても間違っている。

「地球全体主義」も、全体の富のために一部地域は危険の押しつけを我慢せよ、とは言うまい。むしろ、原発を広めると地球全体が危ない、という結論を導くだろう。有害な廃棄物が地球にあふれるし、天災の被害を増幅しテロの標的ともなりやすい危険物があちこちにできる。これらを国際的に管理するのは至難の業である。独裁的に管理しようとすればテロ誘発の危険度はかえって増す。全体管理をしにくくするものを増やすのは地球全体主義にも合わない、と言うべきだろう。

倫理にかなうエネルギー政策の方針

原発問題をきっかけとして、エネルギー政策というプラクティカルな課題を倫理にかなう形で考えていきたい。アプローチはあくまで工学や経済学ではなく倫理学の観点からだが、倫理を重視する実践の方針を提言することに取り組んでみよう。

第一に、「リスクは減らす。国内地域差や国際格差を利用してリスクを弱者に押しつけることはしない」という方針を提起したい。チャレンジにリスクはつきものだ、という考えは個人の人生選択にはあってよいが、地域とか国とか世界といった規模では、一攫千金よりリスク回避が優先方針となる。時に大きく挑戦することはあってよいが、事前計画とうまく行かないときの補填策は周到に立てられるべきだ。なぜなら、大きな集団規模だとその内部の格差で利得と損失が分けられやすいからだ。一人の人生なら甘さも苦さもその人が受け取るが、集団だと受益圏と受苦圏が分かれやすくリスクも初めから弱者に背負わされやすい。原子力発電における東京と福島、大阪と福井の関係がまさにそうである。

第二に、「身近で使うものは身近で生産して処理する。目の届くところで責任を持つ」という方針を提起したい。目先の欲のために、負の副産物を、自分には影響がないであろう遠い地や、自分は生きていないであろう遠い未来に、投げ出すことはすべきではない。これは大切な生活信条である。それこそ「義務」として自分にも他人にも言い聞かせるにふさわしいし、「徳」と呼んで自己鍛錬の目標とすることもできる。多くの者がこれを実践すれば、「最大多数の幸福」にも近づく。

第三に、「扱うには手に余ると思ったら、それを活用して得られるものへの欲望を抑制する」という方針を提起したい。電力は潤沢に欲しいだろうし、周囲に電力前提の機器が増えればもっと欲しくなる。すると、本当は手に負えない原子力にも安全神話をまとわせてしまう。そこを抑制して、個人としても節電を心がける。社会としても電力消費の少ないものを流通させる。「〝足るを知る〟という呼びかけは、物質的充足を一応は達成した人には十分受け入れられるのが環境倫理の基本だ」という呼びかけは、物質的充足を一応は達成した人には十分受け入れられると考える。貧しさに苦しんでいる人は別として、比較的余裕が出てきた人々（および国々）には、「衣食足りて礼節を知る」と呼びかけ合ってほしい。

第四に、「開発が必要であっても慎重に行う。科学技術は常に制御しながら応用する」という方針を提起したい。何も開発するな、原始的自然に戻れ、とは言わない。だが、取り返しのつかない暴走が起こって禍根を残さないように、エネルギー政策には緻密な計画と検証を伴わせる必要がある。それが開発の歴史から汲み取るべき教訓である。

4　倫理としての脱原発

カギは「手の内に入っている」という生活統御感

私は、原発問題には昔から関心を持ち、二〇一一年以降は改めて学び直し、扇情的にはならない議論を心がけてきた。そのうえでの結論は、やはり「脱原発」である。日本では一〇～二〇年がかりで廃止すべきだと思っている。ここまでもその理由を語ってきたつもりだが、改めて「私は何ゆえに原発を受け入れがたく思うのか」を自問してみた。倫理的判断は理路整然と表明されるのがよいが、究極のところは何かの心情が決断させている部分がある。自分の心情の根っこにあるのはどんな思いなのか。

そこで見出したのは、「原発には、私(たち)の手の内に入っているという感覚が持てない。そこが他の発電手法との決定的な違いだ。そしてこの感覚は、今日の私(たち)が無知だからであって明日知識が獲得できれば解消される、というものではない」という答えである。

一つの家の中での暖房器具にたとえてみる。石油ストーブ、石炭ストーブ、天然ガスストーブ、そして原子力ストーブがあるとする。太陽光発電ストーブや太陽熱蓄温ストーブもあるかもしれない。それぞれの長所と短所を検討し、費用対効果も考慮するだろう。そのうえで私（たち）はやはり、原子力ストーブだけは使うまい、と決断するだろう。安上がりだと言われても、他のストーブの方がかえって危険だと言われても、である。「石油ストーブ事故と原子力ストーブ事故、発生件数も被害者数も後者が下回っている」と言われるかもしれない。しかし問題は事故数や被害者数のデータや確率ではなく、事故発生と被害拡大のプロセスを手の内に収められるかである。石油ストーブの故障発見でミスを重ね被害くい止めにも後手を踏んでダメージを受けたとき、私は石油ストーブを恨むよりも、できる注意と対処を怠った自分を責めるだろう。着火に気をつけたり、すぐ止めて水をかけたり毛布でくるんだりはできたのだから。しかし原子力ストーブだと、どこかの漏れに気づかなかったとか、破裂した後の被害阻止に体を張らなかったとか、そういう反省ができるとは思えないのである。事故や被害の確率的大小以上に、そのリスクに自分の力で対応できるかを優先的判断材料とし、私（たち）は原子力ストーブよりは石油ストーブを選ぶだろう。

人間の活動にはリスクがありうるし、あえて危険なスポーツに挑戦する人もいる。それが受け入れられるのは、リスクも含めて手の内に入っているから、実害が出たら自分のコントロールミスだと納得できるから、である。生活全てを一〇〇パーセント安全にはできないが、コントロールできる、失敗過程も自分で背負えるという「統御感」があれば、その営みは続けることができる。私たちは、この生活統御感をもってして苦労や不安も引き受けているのではないか。その生活統御感からはずれる最大のものが原発である。これが私の一つの結論である。

倫理を伴う具体案

日本で脱原発方針を立て代替エネルギーに移行するとして、その過程を具体的にどう育んでいくか。本書の役割として、倫理的ムードの醸成とそれに支えられる具体的な行動のあり方を述べて、この節の最後のまとめとしよう。

まず、私たちの日常生活での電力最大消費部門は冷暖房であるから、断熱材や衣服の工夫で冷暖房電力を節約することを、いっそう考えるべきだろう。家屋の断熱設計は向上しているが、もっと消費者側が関心と手間・費用を注いでよい分野だと思う。代替エネルギーの文脈で、最も期待するものとして地熱発電に言及したが、地熱貯留層へ何百メートルも掘り下げるのでなくても、地下一〇〜二〇メートルでも「地中熱」は得られる。地表なら夏は三〇度、冬は氷点下だとしても、地中熱は一〇度前後で年中一定しているから、家屋建設の際にこの熱（冷気）を取り込む仕組みを作っておけば、冷暖房電力は大きく節約できる。「それができるなら省エネの倫理として初期投資に応じる」という人も出てくるだろう。

身辺の省エネの心がけも大切だが、国策に意識をもって訴えていくことも大切である。今のところ、エネルギー政策が与党選びの分かれ目になることはあまりないが、それこそが投票行動を大きく左右するとなれば、政党も本気で「原発を続けるか、やめるか」を争点にするであろう。もちろんその選挙結果を、国民も背負うことになる。

また、自然科学が苦手な人でも、少しは学んで、再生可能エネルギーへの理解とその実現への協力を考えてほしい。電気代の応分負担という課題も受け止めるべきだろう。電気代については、脱原発派への批判として「彼らは原発をやめた分、仮に電気代が一～二割上がっても我慢すると言うが、それは家計に余裕があるからだ。小さな工場を採算ギリギリで操業している人のことを考えていない」との発言がある。しかし、中小工場が電気代のわずかな値上げでも苦境になるのは、親会社から無理なコスト削減を迫られるなどの構造的な問題点が大きいのであって、その苦境を原発容認の口実に使うのは公平ではない。

電気代のあり方で言えば、いっそ発電も送電も独占企業に任せず自由化して、消費者が選べるようにすればよい。「A電力会社は原発四割と火力六割。B電力会社は再生可能エネルギー七割と大型水力三割。電気代は今のところはA社よりB社が二割高い。どちらから買うかは各家庭の自由」としてみればよい。B社に支持が集まり、やがては顧客増で経営規模が安定したおかげでA社より安価になる、という可能性は十分にある。

最後に、市民の心がけとして、都市と地方、先進国と途上国、強者と弱者、といった格差の是正を、真剣に考えて世論にも反映するようにしよう。たとえば、ある原発立地地域が「原発を止められたら私たちの経済が成り立たない」と嘆いているのなら、その地を原発産業オンリーに追いやり地方交付金中毒のような状態にしたのは都市住人の側ではないか、と反省して抜本策を考えよう。都市から遠い地方がうまく生きていくのは、今日たしかに難しくなった。交付金や補助金といった安易な「カンフル剤」に頼りたくなる気持ちもわかる。しかし、難しくても考えること、「本末転倒」や「優先順位間違い」にならぬよう「人がともに暮らす筋道」を追求すること、これが倫理にかなう生き方である。

第12章　産業・経済と人間の倫理

1　いのちを守る営みがビジネス化される現代

経済・ビジネスに呑み込まれない道はないのか

地球温暖化防止には、南北対立が壁となっている。発展途上諸国からは、「先進国がまずは温暖化の責任者として防止策を取るべきで、我々途上国は経済発展の後でもよいではないか」との声が上がるし、先進諸国からは、「途上国も同時に取り組まないと温暖化は止められない」との声が上がる。後者の声には、「我々先進国は温暖化対策にコストをかけているのに、途上国がそれ抜きの経済活動を許されると、先進国が損をする」という計算も働いている。そして先進国内部でも産業界からは、

「経済成長があってこそ温暖化対策の余裕も生まれる。経済にブレーキをかけるような対策は取るべきでない」との声がやまない。温室効果ガス削減のための排出権取引でさえ、第10章で見たように市場での売買のようになっている。どうも、経済的利益にかなうかどうかというビジネスの理屈が、環境保護より優先するか、環境保護対策をも呑み込んでしまうようだ。

原子力発電の是非についても、それをやめて経済が成り立つかどうか、代替エネルギーに移行して採算が取れるか、といったビジネスの理屈が議論を左右しやすい。原発をやめたら、日本の電力供給が逼迫して経済活動が不活発になるとか、電気代が上がって家計に響くし中小工場は採算割れになるとか、やめた分を火力発電に頼ると燃料輸入が増えて国富が流出するとか、そういった「脅し文句」が突きつけられる。太陽光や風力や地熱による発電については、「それらは1kWh当たりで○○円もコストがかかる。原発ならこんなに安上がりだ」などと、それらの代替エネルギーへの移行が経済面から否定される。実は、原発が安いと言うのは、安全対策費や廃棄物管理費や事故補償金をきわめて低く見積もれば、の話だし、代替エネルギーが高いと言うのは、現状の非効率な面に積極的な取り組みをせず、放置しているからなのだが。

経済的利益、ビジネスとしての成り立ちで議論するのが全く間違っているのであって、倫理として正しいかどうかで議論して政策化すべきだ、と言いたいのではない。「食っていけない」状況になっても倫理を優先せよとは言えない（「衣食足りて礼節を知る」ならば衣食が足りるようにまずはしたい）し、功利主義、義務論、徳倫理学といった規範理論においても、「経済面を含めた幸福」は倫理的な生活を成り立たせる要素となりうる。しかし、温暖化対策を経済的な取引に適合させようとしても、本当の温暖化防止にはならないことが多いだろう。温室効果ガスの排出権をカネで買うとか、途上国のガス削減に協力すれば先進国自身が削減したとカウントする、といった方式は、まさにその実例である。原発についても、現在の電力会社の利益の上げ方、現在の原発立地の雇用状況を固定的に考えていては、リスクも不平等もそのままで「カネさえ回ればよしとせよ」と言われ続ける。「生きるためにカネは必要だ」という言葉の本質的な意味は、「生活の物資やサービスを手に入れる媒介手段は安定的に確保されることを望む」ということであろう。すると大事なのは、「ささやかでも確実な営みで生活財が得られること」である。その「営み」をどうつくっていくかがカギとなる。そこを丁寧に考えることなしに、全てがビジネス化され経済の論理にからめとられる現状は、どこかで打破したい。

医療も「要はカネ」でいいのか

温暖化や原発の問題以上に、「カネ勘定ではいけない」と言いたくなるのが医療である。こちらはまさに「いのち」を扱っているのだから。しかし、「命懸け」だけにかえって、「救ってくれるならいくらでもカネは払う」と思う患者は出てくる。「救う方法を開発するには最大の資源を投入すべきだ。開発できれば元は取れる」と思う医師も出てくる。さらには、「この種の人を救うのはさっさと諦めた方が、カネを有効に活用して別の人を救える」という発想が、政策立案者から出てくることもある。医療をめぐるやり取りには、経済がついて回ることで、ゆがみが生まれることもあれば、いのちを救う駆動力がかかることもある。

安楽死・尊厳死の問題は、「人はどう生き、最後はどう死ぬのが幸せか」という本質的議論をしているようでありながら、余命が短そうな人を見て、「その人が経済的に貢献できるか」とか「その人に医療資源を使って有効か」とか「そのような人を救おうとする医療はビジネスとして持続するか」とかを考える発想が、入り込んできている。特に日本での「尊厳死法制化」という問題は、延命治療の進歩と急速な長寿化を背景に、「その人にどういのちを全うしてもらうか」を考えているポーズは取りながらも「〝ヘタに〟長生きされると医療消費も看護労力も年金支給も〝ズルズルと〟続いて採算に合わなくなる」という意識を持って議論されている。「カネ回り」が悪くなるなら「さっさと死ねる／死なせることができる」制度を作っておこう、という意識が暗黙の了解として幅を利かせている面があるのだ。

人工生殖は、不妊に悩む人への手助けとして真面目に研究された面もあるが、それがカネになる医療技術だから（そこにはカネ払いのいい「顧客」が多数いると見込めるから）こんなにも進歩したという面があるのは否めない。ましてや生殖ツーリズムとなると、当人にはそうまでして子が欲しいという切実な思いがあるのかもしれないが、カネを積めば卵子や腹を差し出してくれる人がいる、やりやすい国がある、という世界の経済構造につけ込んでおり、それによって「国境を越えるビジネス」として成立してしまっている。

出生前診断についても、「要はカネ勘定」という面は強い。「早期に障害を発見できれば胎児治療や新生児段階での治療・療育に役立つ」と考える人もいるが、現実の運用はと言えば「早期発見イコール早期中絶」に傾いている。国ぐるみで導入しているところでは、「出生前診断と選択的中絶にコストをかけた方が、障害児が生まれて医療と福祉に生涯かかるコストよりも安くつくから良いことだ」という見解が語られる。そして近年の「新型」出生前診断ＮＩＰＴとなると、この研究開発には「ビジネスチャンス」として力を注がれたのだろうなと見える。人はどんな「商品」に心惹かれてしまうかを目ざとく考え、「ここなら多額の資金を投じても十分回収できる」と思ったのだろうなと見える。

「医療もビジネス。そしてカネ」という理屈に屈したくはない。とはいえ、「利便性にばかり左右されるな。カネ回りで決めたり、カネで押し切ったりするな」と叫ぶだけでは事態は好転しない。経済的な持続性も視野に収めながら、人としての生き死にを大事に扱い、人間共同体としての「よき習俗」をつくり続けるにはどうすればよいか、それを考えよう。ビジネス的な、広くは産業的な営みも敵視せず、むしろ人間の生業として必要だという観点に立って、いのちのあり方とそれを支える環境のあり方を、広い倫理として構想しよう。

2　農と食をいのちにつなげる倫理

日常の「いのち」を支える農と食

本書の後半章では、出生前診断や尊厳死法制化や原発といった、突出した話題を論じてきた。これらが現代の技術社会の岐路を語る象徴的な問題であり、「いのちの圏域」の行方を占うプラクティカルな問題の典型だと考えたからである。それらの話題を考えることは、二一世紀前半の今という時期に、生命と環境の「ベーシック」な倫理を踏まえて「プラクティカル」な倫理を問う試金石となる。

そのうえで本書の最終盤では、もっと日常的で普通に出くわす場でプラクティカル倫理を問う局面についても論じておきたい。その日常的局面とは、「農と食」である。そして、このテーマを論ずるにあたっては、たった今述べたような「ビジネス化されている。カネ回りの問題にされている。そればかりではよくない」という問題意識を持って、考えていくことにする。なお、「食」というテーマ語は、「食物」と言っても「食文化」と言っても狭くなるので、「食」という一語で示すのが包括的でよいと考えて選んだ。「農」というテーマ語は、「農業」と言ってもよさそうだが、それでは「第一次産業としての」という経済の一部門のイメージになってしまう。太古の時代からある人間的な営み、習俗の根底をなすいそしみという意味を込めて、あえて「農」という一語で示すことにする。

「農と食」は、まさに「生命圏」の問題である。「食」は、医療よりも直接的日常的に、「生命」を支える。「農」は、他の産業よりも歴史が古く、今も地球人類共通の営みであり、自然直結という意味で「環境」に関連する。そして「農」は、一義的に「食」につながるという意味で、「生命と環境」を最も連続的に考えさせてくれる。先の第6章ですでに遺伝子組み換え作物を話題としたが、ここではもっと一般的な農の役割と食のあり方を、プラクティカル倫理として論じてみる。

日本の今という時代の背景には、食糧自給率の低下があり、農業の衰退と同時進行で里山などの二次的自然の荒廃があり、農業再生に反するかのようなＴＰＰ（環太平洋経済連携協定）といった、つまりは各国の伝統習俗としての農業をも強国の自由主義グローバル貿易に呑み込まんとする国際市場圧力がある。これらは「食」にとっても、自分たちの手で安定的に食物を確保できなくなりそうな危機であり、輸入食品の安全性への懸念も含めて、広く「いのち」に関わる問題である。農業（さらには林業も漁業も）の持続的な成り立ちで伝統的な生業が習俗に溶け込んできたこと、そこに「自然との共生」という意識も世代継承の知恵として育まれてきたことを考えれば、まさに「環境」の持続という問題である。日本の産業全体、世界の中の日本の立ち位置、と議論はとめどなく広がるが、ここでは「生命圏の倫理」として考えるべき部分を論じよう。

日本の農をどう立て直すのが「倫理的」か

日本の農が存亡の危機にある、と一九六〇年代からずっと言われてきた（漁業、林業まで話を広げるには紙幅が足りないので、本書では割愛する）。第二次大戦後の米作中心の政策はとっくに行き詰まっている。政権与党がその時々の都合で、農家からのコメ買い上げ価格を上げたり下げたり、減反政策を強めたり弱めたりしたので、農業従事者は振り回されてきた。それでいて、一九七〇年代には「農業従事者はコメさえ作っていれば政府に保護されると思って甘えている」という偏見が世間に広められた。コメ自体の国内消費量はここ半世紀で減っているし、コシヒカリなどブランド米の健闘はあっても、加工品の原料としては安価な輸入米にシェアを取られたりしている。耕作地をどう増やしたり集約化したりするのか、あるいはいっそ減らすのか、という基本的な問題について、国民的合意で方針を立てるには至っていない。このままでは、農業従事者の平均年齢上昇で、世代交代とともに農家がすたれていくのを見送るだけ、ともなりかねない。

コメ以外の農業も岐路にある。コメと並んで国内自給率が高いと評価されるのは乳製品関連の畜産だが、乳牛の飼料は輸入穀物類に頼っているので、本当に国内自給で成り立っているとは言いにくい。日本の技術力を駆使してブランドを冠した果物や、味や安全性にも気を配った野菜など、採算が取れてまずまず国内需給がうまく行っている部門もある。しかし、これらはいずれも、気候に左右される不安定さがあるし、身体的負担や拘束時間や収入などの労働環境が良い職業とは必ずしも言えない。

誠実に、たとえば安全と栄養を考えて無農薬や低農薬でやろうと手間をかけても、その手間の分が報酬で報われるとは限らない。

シンプルに考えて、農は「いのち」を育む基本である。肉をあまり食べない人でも畜産加工品は食べているだろうし、コメその他の穀物を直接食べる量が全国的に減っているとしても、それらの加工品はかなり食べられている。食肉用の牛や豚の飼料を考えても、全ては農、そして野にある植物、さらには大地と水と空気と太陽に依存している。当たり前の話だが、やはりここを改めて想起しよう。

こう考えてみると、農を適切に立て直すことは、生命と環境を立て直すことの一翼を担うのだ、と言える。本書では、日本の農業政策全般や世界の食糧事情への広い目配りまでは語れないが、日本の農の現状から「生命圏」を倫理として考えるという視点に立って、ここで論じておこう。

まず、農を（そして大地も草木も水の流れも）農業従事者や農政役人だけの関心事にしないこと、これを最低限の倫理として提唱したい。休日体験のレベルからでも農園の営みに関わって収穫までの苦労と喜びを知る、というのも一つの手だし、都市住民が山村農家と生協活動などでつながって生産・消費プロセスを確かめ合う、というのも一つの手である。直接つながるところまで手が出せなくても、農業従事者を孤立させない世論づくりには皆が参与できるはずだ。できれば出向いて活動すること、少なくとも関心を向けて世論に参画すること、これらを実践する人が増えれば、世間の倫理レベルは一段階向上する、と言える。

農は、「無関心が衰亡を招く。周囲からも関心を寄せ続けることが命脈を保つ」という事象の代表例である。加工・流通という実経済には当然影響があるし、水田の温暖化防止作用、里山保全や治山・治水の自然保護的効果などを考えれば、環境的意義もある。「皆が関心を持って育てる。その恩恵にあずかっていることを認識し、それぞれのできる範囲で力を貸す」というのが、農から生命と環境を考える重要な倫理であろう。

倫理的な「農」とつながる倫理的な「食」

今挙げたような自然保護や環境の面での意義に言及しなくても、農にはまず「食」として「いのち」を支える意義がある。「農の倫理」が「食の倫理」であり「生活の倫理」「いのちの倫理」である、という命題を立てることができそうだが、それを実のあるものとして広く共有していくには、どうすればよいか。

前項で述べた「関心」を具体化するきっかけの例として世にあるスローガンは、「顔の見える関係」である。スーパーマーケットの野菜売り場に、「このレタスは○○村の○○○さんが作りました」などと顔写真付きの表示が出ている。顔写真を出すことが「顔が見える」という意味を果たすわけではないが、こうして素性を明かすことが、責任の宣言となり仕事の張り合いとなる面はある。その表示がきっかけとなって、消費者側からの満足感や応援の表明がフィードバックされることがあれば、生産から消費につながる回路がまさに顔の見えるものとなり、親近感から信頼関係が生まれるし、「作る責任を果たそう」「品質を確かめながら食べて応援しよう」という適度な緊張関係も生まれる、と期待できる。

「農」の側に、生産者としての責任や、成果を届ける張り合いが自覚されれば、さらには、安全・安心を届けるために土壌や水の環境も持続しようという意識が生まれれば、それが一つの倫理となる。他方、「食」にあずかる消費者の側も、生産者の丹精込めた思いに応えて成果を丁寧に受け止める意識を持てれば、それが一つの倫理となる。そして「農」における職業倫理と「食」における消費者倫理がつながれば、双方を支え合う共同倫理ともなりうる。さらに、その背景にある大地からのいのちの恵みにまで思いをはせることができれば、自然と、人の生業と、日々のいのちとを、包括する考え方にも近づけるだろう。

3　「農と食」から「自然といのち」の倫理へ

「農と食」の議論から見えてくる分岐点

「顔の見える関係」から紡ぎ出す倫理を是とする、という観点から、第6章で取り上げた遺伝子組み換え作物の問題性に改めて言及すればこうなる。遺伝子組み換え作物は、顔の見える関係を壊すがゆえに、つまり相手の顔など見ずとも大量物流に乗せられればよいと開き直ってしまうがゆえに、反倫理的である。

農作物（あるいはその加工食品）を購入する、そして食卓にのせるとき、生産者の顔が（顔写真を目撃しているというわけではなくても）目に浮かぶなら、「人と人」という倫理を紡ぐことができる。しかし、遺伝子組み換え作物を食べるとき、親近感を持って生産者の顔を思い浮かべることはできない。この作物をめぐる事情を知っている者なら、思い浮かべるのはその種苗の独占企業モンサント社の名前だろうか。あるいはこの企業から年ごとに種苗を買うしかない農業従事者の苦悩あるいは諦めの表情だろうか。遺伝子組み換え作物だらけの世になると、消費者の側は「どうせ大量生産で〝丹精込めた〟からは程遠いのだから、安上がりで胃袋を満たせればそれでよい」となりやすい。農業生産者の側も、「どうせ量と経済性しか求められていないのなら、労力を省いてカネになる道を選ぼう」となりやすい（これは第6章で説明したように、農業従事者が安直だということではなく、その方向に追い詰められる状況にあるということである）。消費者も生産者も「つながる」どころか背を向け合い、当座の自分さえよければと思うように仕向けられ、共同倫理など遠くに消え去る。長期的な人類の健康や自然生態系への配慮も思考停止に陥る。だから反倫理的なのだ。

第11章で原子力発電を論じたときも、「カギは手の内に入っているという統御感である。他の発電方法より確率的には安全だと言われても、悪影響を日常的にコントロールする術、万一の事故を途中でくい止める術を人類は持っていない。統御できないものを目先の利益で動かすのは倫理的に許容できない」という趣旨を述べた。倫理として許せるか否かの分岐点は、原発も遺伝子組み換え作物も共通している。目先の利便性で、当面の経済的利益で、将来に及ぶ危険を放置するのは間違っている。予防原則にも反しているし、利益は一方に吸い取られ危険は他方に押しつけられるという不平等性も問題だ。そして、「顔の見える関係にある」とか「手の内に入っている」といった感覚は、個人として責任を持ち共同体として倫理を育むうえで、重要な出発点になる。

このような統御感（あるいは「見える」という可視感）を倫理思考の要素と考えることは、本書でしばしば照らし合わせてきた三つの規範理論とも両立する。まず功利主義は、個々の利益追求を是とするが、この統御感を持続させることが日常的で長期的な利益を安定させることにつながる、と認めるだろう。次に義務論は、尊厳にかなった義務への意志を重視するが、その義務に向かう「主体的自律」を自覚するにはこの統御感が指標になりうる、と認めるだろう。最後に徳倫理学は、性格としての卓越性を求めるが、この統御感を自己練磨のスタートとゴールに置いておけば卓越性に届くかもしれない、と認めるだろう。

自然の中にあるいのちの尊重と、医療の役割

統御感という言葉を出したが、これは何でも人間の力で、個人の力で思い通りにやれることを意味

しない。農は当然のこととして自然の中にある。ここで語っている農における統御感とは、農業従事者が自然の恩恵を工夫して作物に取り込み、流通業者や消費者への説明責任を自分で準備するという、心がけ全体を意味する。農は自然の懐に抱かれてこその仕事であり農生産物も自然界のいのちの一部であるという謙虚さが、その大前提になる。そしてやはり当然のこととして、人間も自然界のいのちの一部であり、人知による技術も自然の摂理の模倣・応用・延長としてある。医療も、一見「反自然的」で、死という生物的自然性に抵抗しているようでありながら、実は自然的であり、人間の生命および身体が自然と折り合う「統御」をタイミングよく差し出しているにすぎない。ここでは農のあり方を語ってきたことを敷衍する形で、医療の役割について語っておこう。

『ベーシック　生命・環境倫理』の第4章で、「医療の本質は自己治癒、自己再生である。医療技術はその手助けをするにすぎない」と述べた（一〇七―八頁）。つまり、医療は、放っておけば死んでしまう人を助けたり体内の微生物を殺したりと、自然のままでは起こらないことを人工的に行っているようでもあるが、その過程は実に自然的と言うか、自然の力に依存して進んでいる。自己免疫力を促進する薬はあるが、その免疫力は自己に自然と備わっていたものである。外から免疫性物質を体に注入することはあるが、その物質の原料は自然界から持ち込んでいる（天然痘に対抗するための種痘ワクチンは、牛が罹患する牛痘を原料にしていた）。人間という生命体がやがては滅んでいくのも自然的なことであるが、途中で立ち直ってしばらくは維持しようとするのも、生命体としては自然的なことである。医療とは、そうした過程に補助的に入るものであるにすぎない。

もちろん、病人に一切手を出さずに自然治癒をひたすら待て、と言いたいのではない。今の医療技術を使って死や苦痛を免れることは救いである。ただ、人間自体が機械部品組み立てのように扱われて一方の人間が他方の人間の部品にされるような事態や、子づくりが工場で製造されるのと同じになるような事態は、「自然と折り合う人間の倫理」にも合わないし、「人間が平等に尊重される倫理」にも合わない。この「自然との折り合い」や「人間同士の平等」の中身は検討する必要があるが、それに明らかに逆行することは、私が『ベーシック 生命・環境倫理』と本書で考えてきた倫理の大方針からは受け入れられない。逆行してしまうと、自然を媒介にした人と人との倫理も、一個ずつのいのちの持ち主である人と人の直接的な倫理も、見出しにくくなるからだ。

「自然と農」「いのちと医療」を包括する生命圏の倫理

自然のままが全てよくて、人工的で作為的なものは一切排除せよと言っているのではない。人類が築き上げてきた文明の多くは、人工的手段で他の生物を殺したり追い出したりする作為を含んでいたが、そこには人間のいのちを守るという必然的な理由があった。だが今日の文明段階への反省も含めて私が求めたいのは、たとえば日本の里山が保ってくれたような「人と自然とのいのちのバランス」を尊重することである。里山は、農林業や治水などの経済生活と折り合いをつけながら世代継承の中で育てられ、原生自然ではなくても二次的自然として、人とつながりながら持続する自然として、いのちを守り続けてくれた。これらをどんどん消滅させても、より豊かな文明段階がすぐ次にあると確信できるならまだいい。しかし、自然史研究者も文明史研究者もそちらに進もうとは今ではあまり言わないし、一般人感覚も同じだろう。「地球表面からこれ以上、緑と水が適度に息づく場所を減らしたら、人類自身の首を絞めることにもなりかねない。局所的に都市化・工業化する場所はこれからもあるかもしれないが、総体としては地表をなるべく緑に譲り人類が自己抑制する必要があるだろう」というのが、二一世紀の今の共通了解だろう。

自然の中にあるはずの農の一部分が、工場内で発光ダイオードの光に照らして野菜を栽培するといった形で工業化されることは、気候変動に対応しながら世界規模で食糧を安定供給するために、いくらかはあってよいかもしれない。しかし基本線としては、「自然と折り合いをつける農を守り育てることで、自然も守るし人間も守る」という筋を、人類の歴史的習俗として、譲らないでおきたい。その「習俗として譲らない筋」に、「生命圏」という地平を見出せれば、「守るべき大地」や「生業」という言葉で表現されるもののイメージが見えてくるのではないか。

医療は自然的なものに依存していると先ほど述べたが、実はこの医療という、いのちを正面から左右する文明技術の適否に、「自然さ／不自然さ」という価値基準語を持ち込むことはあまり意味がない。その第一の理由は、医療が自然界の生命の流れに乗っているとはいえ、やはり人為の技であり自然から逸脱する宿命を持つからである。第二の理由は、医療技術導入の文脈での「不自然だからやめろ」とか「自然のままに任せよう」といった主張が、主張者にだけ都合のいい「自然さ／不自然さ」の線引きでなされやすいからである。よって、「この医療技術を使うのは自然か、不自然か」という議論の仕方は避けるが、人類がたどりついた文明段階とそこで織りなされている営みについては、そしてこの先をどちらに向いて歩くかという意図については、生身の人間たちのいのちを守り続ける倫理的思考を持って検証し、医療の現在と未来もその中で考えたい。

するとやはり、「人が人をできるだけ切り捨てずにすむ医療」「人が人を搾取的に利用せずにすむ医療」というのが、大まかな倫理的方針になるように思えてくる。人間の身体的健康度の個人差はそれなりにあるし、そこにかけることができるカネも個人差がある。平等や人権尊重を現代文明の価値基準とするなら、社会の中で「差をつけられやすい人」が取り残されないように、利用されるばかりにならないようにすることは、重要な方針となる。文明進歩が豊かさを生んでいるのだとすれば、その豊かさはまず「切り捨てられそうな人」を救うことにつぎ込む、というのが「生命圏」を分厚く維持することになるのではないか。

4　休みませんか？　資本主義

資本主義「らしくない」農の「弱みと強み」

環境と産業、生命と医療、それらに入り込むビジネス、という構図でこの章を叙してきたが、その中心話題に「農」を置いた。自然とつながり、いのちを育む人間活動であり、最も歴史の古い産業であるから取り上げたのだが、私の着目点はもう一つある。

シンプルに確認していこう。地球温暖化防止を世界が団結して早急に始めようとしても、「囚人のジレンマ」状況が生じてしまい、当事者たちにとって理想的な答えは出せず成果が上がらない（『ベーシック　生命・環境倫理』一八五―七頁参照）。これは世界が資本主義化して経済競争の呪縛に陥っているからではないか。すると、資本主義が環境破壊の元凶かもしれない（同書一一六―九頁参照）。かといって二〇世紀型の社会主義・共産主義が環境問題に前向きだったとも言えない（同書一二〇―一頁参照）。二一世紀前半の今、資本主義が唯一の正解（少なくとも一番マシな解答）とされる中で、産業・経済の構造はこのままでいいのだろうか。いのちを守るべき医療までもが医療ビジネスとしてゆがめられる部分が出てきているというのに、「世界資本主義医療」によって、たとえば日本の国民皆保険制度がつぶされ、「医療をまともに受けられるかはカネ次第だ」となってもいいのか。――こんなことを考えているうちに、「農」はこの「強者ばかり得する資本主義」という潮流を変革する突破口になるかもしれない、と着目したのである。

農は、他の産業部門と比べて資本主義「らしくない」ところがあり、それゆえ今日の経済発展の中では「弱み」を持つ。しかし、資本主義が環境問題やいのちの扱いで限界あるいはゆがみを示している今日、農はその「弱み」を「強み」に転じて、突破口と原点回帰思考を与えてくれる可能性を持つ。

農の一部がアグリビジネス化されつつあるとはいえ、まだその大部分は自然の中にあり、春夏秋冬・雨季乾季の摂理の下にある。化学肥料などの工業力注入で農作物を成長させている部分がある一方で、自然界の有機物・微生物に任せた方が農作物にも土壌にもよいのだという見方が出されており、それなら「農の工業化」はもうやめようと考え直す動きも出てきている。資本主義下の工業は、均質な製品の大量生産と市場効率の向上を目ざしており、「農の工業化」も季節に左右されない均質な作物の安定販売を目ざしてきた。その効率主義を、農はやめて考え直そうとしているわけである。実は、資本主義経済にとって、本来の農は「なじみにくい」産業部門である。商機と見れば一気に大量生産して市場で売りさばくとか、飽きられる前に目先を変えて装飾し欲望を刺激し続けるとか、そういった資本主義的経営のダイナミックさに「ついていけず」、「遅々としている」がゆえに、農は資本主義「らしくない」わけである。そのありようは、資本を投下した分だけ利益増加と拡大再生産を見込む世界においては「弱み」となる。だから農業部門は、資本主義国家政策において「取り残され」、一部では工業化を強いられてきたのである。

だが、時代は曲がり角に来ている。環境悪化への対処、生命への介入の是非、これらの問題の解決を、資本主義は遅らせるか、こじれさせるかのどちらかである。環境も生命も本来は連続しているのだから、両者をつなげて生命圏として対応する知恵を人類のどこかに探し出したい。見つかるとすれば、それは、自然といのちの営みを上手に受け止めながら果実としてきた農にあるのではないか。農こそが、二一世紀という曲がり角に解決の糸口を与える「強み」を持っているのではないか。

農という生業から産業全体を反省する

農の主な特徴は、自然の中にあること、生産過程に時間がかかること、生産量が耕地面積などによって限定されること、収穫・流通・保存に時期的な制限がかかり食べるにも「旬」があることである。いずれも、「年中均質でいつでも大量生産ＯＫ」という資本主義にはなじまない特徴である。そこを打破してなじませようとしたのが、農業の工業化だったのである。しかし、そうした「打破」を、世界の飢餓を救うためといった目的がある場合は別として、あまり歓迎しない空気が、生産者たちにも消費者たちにもたしかにある。生産者側には、やはり太陽の光を浴びて育ったレタスを食べさせたいとか、自然の土がこびりついた大根を出荷したいとか、そういった感情がある。消費者側にも、その生産者感情を歓迎し応援する感情がある。時には季節外れの野菜や果物を食べたくなるが、「旬」はやはり限られた「旬」であることが心をも豊かにする。農の特徴を「打破」などしない農を、人類が大地に根を張り続ける「生業」として続けたい、続けてもらいたい、と私も思う。

さてそこから振り返ると、この農という、自然といのちに密着した生業に寄せる私たちの肯定的感情は、他の産業のありように反省を迫るものであるように思えてくる。工業的に製造された食品に「旬」はないが、もし原料農作物の制約から工業的食品にも「旬」があるなら（それが商売上の付加価値として捏造されたものでないなら）、ほほえましく受け止められるだろう。考えてみるに、それぞれの産業部門に、季節差とか、地域差とか、個人差があってもよく、人間の力を超えた大きな流れに人間も少し協力して分け前をもらうのが労働だ、という境地があってもよいのではないか。こうした発想があれば、大量生産と大量消費と大量廃棄で物質的には豊かになったが心豊かにはなれないという、産業・労働の現状に対して、反省すべきポイントが一層はっきりするのではないか。

資本主義は、大規模工業化で商品を量的に行き渡らせつつあるが、消費者人口が限られているのだから、「均質な商品」ならば売れる量には限界がある。すると次には、質的に多様な商品で売り込みをかける。携帯電話、スマートフォンが手を変え品を変えて売りに出されるのがその典型だ。そうだ。元は同種でも質の違いが大きな魅力になるなら売れるのだ。そしてその「質の違い」が売り物になると思われる究極の存在が人体であり、いのちである。さらには遺伝子である。人体（そしていのち、遺伝子）は、商品化路線が狙う「最後のフロンティア」だと、ある種の資本家たちは語っている。ここで立ち回るのが「医療ビジネス」であり、医学は、そして医療者たちは、その片棒を担がされかねない。「あなたの遺伝子、増強してあげます」という商売が明日にも出現するとは言わないが、たとえば第8章で語った生殖ツーリズムなどはすでに出現している「医療産業」である。すでにある種の「資本主義的暴走」が起こりつつあるわけで、「農からの反省」はここでも考えるべきと思われる。

倫理提言：「休みませんか？　資本主義」

農の特徴を想起し、自然といのちがつながる「生命圏」を倫理として考えよう、というのが本書の一つの結論になる。資本主義「らしくない」ことを農の「強み」と捉え、「農からの反省」を資本主義社会に向けるべきだとも語った。すると、資本主義こそが、環境と生命の連続する生命圏を破壊する原因であり、批判すべき対象だ、という話になりそうだが、そこまで言えるだろうか、と疑問を呈する人もいるかもしれない。既存の社会主義・共産主義が代案にはならず、現在の「共産主義国」がよき解答を示していないことは、私も指摘してきたし世間でも知られていることと思う。しかし、「勝ち残った」とされる資本主義が名解答とまでは言えないことも、たぶん多くの人が感じている。そこで本章の結びとして、「休みませんか？　資本主義」という倫理的提言を訴えよう。

資本主義は、資本を投下して商品を市場に出して利ザヤを稼いで拡大再生産、というサイクルを宿命のように繰り返す。サイクルを緩めようとか小規模にしようという想定はない。農が資本主義になじまなかった理由は、サイクルスピードと拡大再生産の限りなき上昇を望めなかったからである。私は、農の方が遅れていると見るのではなく、農から資本主義的諸産業に反省を迫ろう、と先ほど述べた。実経済を担う代案もなしに「資本主義なんてやめろ！」とは言えないが、倫理的空気づくりの提言として、「資本主義を休み休みでもいいことにしようよ」という一石は投じておこう。

なじまない農を工業化して資本主義に組み込もうとしても考え直す生産者が多い理由は、人為を加えても収穫のスピードと量を簡単には倍増できないからであり、消費者にもそれを望まない（直接食べる物としては二倍もいらない）人が多いからである。たとえば着る物なら何着も際限なく売りつけられる可能性があるし、物体化しないものならさらに拡大生産・拡大消費の可能性が広がる。情報産業が今伸びているのは、情報なら「おなか一杯」になりにくいのでまだまだ売れると見込めるからだ。ここが資本主義のつけ込みどころである。すると、農の「おなか一杯」の見えやすさ（世界の飢餓問題は今は脇へ置いておく）は、資本主義にとっては都合が悪いのだ。

だからこそ逆に、「吾ただ足るを知る」という境地に近づきやすい農が、資本主義諸産業に反省を迫る意義がある。「着る物を増やすのは、数回着て捨てることを繰り返すならもうやめにしましょう」「情報は多ければ多いほどよいわけではなく、考えに役立つ範囲にそろそろ絞りましょう」「作る側、売る側も、虚空間に欲望を煽り立てることはやめて、必要な生産・消費で適度な利益を得たらそこで満足しましょう」……こう言い合えたら、たぶんホッと一息つけてささやかな幸せには近づけるのだろうな、と多くの人が心中では思っているのではないか。

「休んでいられるものか。世は競争社会だぞ」という反論は当然あるだろう。それでも、冗談も休み休みなら言える程度には、肩の力を抜いて、交代で休めるシステムを目ざす方が、最終的には生産性も上がるのではないか。何よりも、ピリピリ、ギスギスしすぎる人生には、「いのちの洗濯」の余裕を与えたい。その余裕は、無責任を蔓延させることにはならず、人と人がお互いにやさしい目配りをしてダメージが起こるのを最小限にくい止めることに貢献すると考える。

終　章　生命圏を守り育てる倫理

1　生命圏への統御感と責任意識

いのちと環境が「手の内に入っている」という実感

地球温暖化や原発や農を、倫理に照らして見てきた。その前には出生前診断や生殖ツーリズムや尊厳死法制も見てきた。改めて振り返って、私たちは何に不安を覚えて、それを許容できないと考えるのだろうか。どうなれば抱え込んでも大丈夫だと、むしろ責任を持って引き受けようと言えるのだろうか。

本書を、章を重ねて叙していくうちに、第11章で「手の内に入っているという統御感」というキーワードにたどり着いた。原子力発電を他のエネルギー源と比べるにあたって暖房機にたとえてみて、大出力の利点はあっても、日常の管理やトラブルの際のコントロールや後々の処理を想定すると、やはり他の暖房機より原発暖房機を「見て、さわって、手に収めながら」使うべきだとは言えない、というのがそこでの結論だった。それは、無知ゆえに恐れているだけだということではなく、そもそも人類の現在と将来においてリスクや負の遺産の方が大きくて、良きチャレンジではなく無責任な野望に過ぎないから撤退すべきだということである。研究までやめろとは言わないが、技術未確立のまま実用を先走らせたり、廃棄物処理を無責任に次世代に背負わせたりするのはやめるべきだ。

この思いは、生命と医療技術、環境と産業技術、いのちの圏域と豊かさ・便利さのあり方全てに通じる。技術が高度化すれば、メカニズムと利点と弱点が素人にも理解できるとはいかず、専門家の手に委ねられる部分が増えるのはたしかだ。私は、誰もが理解できることを「手の内に入っている」と表現しているわけではない。知らせる側の努力、知る側の努力が歩み寄って、「ここまでは共通理解ができたのだから、あとは信頼しながら監視も怠らなければ大丈夫」という着地点を見出せれば、それは統御感に近づくことになる。

統御感に寄与する専門家、素人、仲介者

知る側と知らせる側の努力、と今述べた。それは、各段階の技術と知識、そこに伴うべき倫理感覚

と責任意識を、各個人が自分の置かれた立場なりに身につけようとする、ということである。

原発であれ人工生殖であれ、一方に狭くて深い領域の究極の専門家がいて、他方にその応用技術を利用しているが中身は知らない素人がいるとする。そこに両者の橋渡し役となって説明できる仲介者がいて、専門的な難しい部分をわかりやすく伝えたり、庶民感覚の不安や期待を説得的に伝えたりできればよいと考える。そこを仲介すれば素人の側は、「完璧にわかっているわけではないが一応は安心。自分ではここまではコントロールできるようにしておこう」という統御感と責任意識にたどりつける。専門家の側も、「自分がいちいち全員に説明するわけではないが、仲介者の批判に耐えられる程度には技術的裏付けも説明責任もしっかり果たそう」という謙虚な責任感にたどりつける。

専門家には専門家なりに、面倒がらずに説明する工夫を心がけるべきである。その工夫をしているうちに、自分が推進しようとしている技術の危なっかしさに気づき、「ここを説明できないということは、目をつぶって突き進んでしまえとは言えない微妙な地点に来ているのだと自戒して、技術推進を慎重に考え直そう」と思ってもらえればよい。

素人は素人なりに、なるべく知ったうえで使いこなす努力を心がけるべきである。その努力をしているうちに、自分が欲しているものの先にある危険な「滑り坂」に気づき、「そこまで奇妙な状況になって頭も心もついていかないなら、本当に私はそこまで欲していたのかと自問して、使ってよい技術かどうかを反省しよう」と思ってもらえればよい。

統御感、責任意識を共同性の中で育てる

こう考えてみると、専門家と素人の橋渡しをする仲介者の役割は重要である。専門家の「説明したつもり」と素人の「わかったつもり」をそのままでよしとせず、時にはせっついて、「その技術を使ってもらいたいならもっと用意周到にしましょう。使いたいならその先に起こることも覚悟しましょう」と呼びかけるのだから。

仲介者とはつまり、社会のインタープリター（通訳）である。専門技術をある程度は理解して、専門家に「痛いところをつかれた」と思わせる批判や疑問を投げかける力量が必要である。また、素人感覚に寄り添うとともにそこに生まれる甘えにも留意して、「ここまでかみくだいて伝えました。使うときは覚悟してください」と言い放っても信頼される人間性が必要である。そして、正しくインタープリトしているか、通訳するといいながら話をねじ曲げていないかを検証する作業も、インタープリターの自己省察として、またインタープリター同士の相互批判として、重要になってくる。

「正しい通訳」というのは、主観を完全に排除するとか意見を一切言わないということではない。自分なりの人生哲学はあるし、世の中にこうなってもらいたいという思いはある。思いがあればこそ通訳という難しい仕事も社会貢献として引き受けられるものである。大事なのは、事実認識と価値判断を分けようと心がけること、その心がけを相手に示すこと、そのうえで世にある見解を受け止めながら自分なりの見解を理由を添えて語れること、である。

社会のインタープリターが諸分野の諸段階に適切に存在すれば、その存在が専門家からも素人からも信頼されれば、技術を使う側の統御感も、技術を提供する側の責任感も、育ちやすいだろう。それぞれが持ち分を果たしながら信頼を寄せ合えれば、時に「人倫」と呼ばれる倫理的共同生活集団は、その共同性を有効に発揮できるだろう。

2 規範倫理学理論の役割と課題

功利主義、義務論、徳倫理学と生命圏倫理

本書では、生命と環境をつなぐ生命圏の倫理を、功利主義・義務論・徳倫理学という代表的な規範倫理学理論と照らし合わせる作業にも取り組んできた。ここで振り返ってみて、これらの規範理論は生命圏を考える基準としてどんな役割を果たせそうだろうか。あるいは、使い勝手が悪いのなら、これらの規範理論にはどんな課題があると言えるのだろうか。カントが「理性批判」と称して理性の「効力と限界」を見極めようとしたことになぞらえるならば、規範理論にはどんな効力と限界があるのだろうか。

各章で見てきたように、ある話題に賛否で答えるような場面で、「功利主義で考えるなら賛成派になりやすいが反対意見も出しうる。義務論で考えるなら反対派になりやすいが賛成意見も出しうる。

徳倫理学で考えるならどちらにも傾きうるがそもそも性格を問題とするので行動の当否は問えないかも」といった議論をしてきた。功利主義と義務論はオモテとウラの関係になりやすいが必ずそうだとも言い切れない。徳倫理学は前二者ともを否定する「第三の道」を指し示すわけではなく、「性格」に目を向けることで根底的な問いかけをする。ただ、徳倫理学は「正義」や「人を尊重する姿勢」を重視する点では、功利主義よりは義務論と重なるキーワードを持ちやすい、と言えるかもしれない。

それぞれの規範理論は、その立場に立つことで、生命圏に関するある話題において、ある方向に決断する際の正当性を与えうる。その意味では効力があるし、論者自身がなぜその方向を向いているのかを自己理解させる役割を果たしうる。ただ、それで一〇〇人中九〇人以上が同じ方向にまとまるわけではない。「功利主義者ならこうなりそうだが義務論者なら逆になるかも。そもそも功利主義者の中でも逆の立場の少数派はいそうだ」ということは十分ある。

ならば、規範理論は大いなる答えを出すのには役立たないかと聞かれれば、そうではないと答えよう。規範理論は、その主義主張を注入されることで答えの出せなかった問いに答えが出せるようになる、というものではない。むしろ、人々がそれぞれに自分なりに抱いている答えがあって、なぜそれを第一の答えと思ったのかを検証する際に浮上するのが「規範」という考え方であり、その代表的なものが歴史的にはとりあえず三つ挙げられるということなのである。ベンサムが功利主義を、カントが義務論を「発明」したわけではないし、アリストテレスが徳倫理学を「発掘」しアンスコムが「再発掘」したわけでもない。人類の思想潮流にそれなりの真理観や正義観があり、それを言語として定位した賢者が時代時代にいて、そのうち説得力を持ったものが哲学史に残った、ということである。そしてこれらの「思想潮流」は現代の個々人にも息づいており、そこを意識的に洗い直して確認するのが倫理的営みなのだ。この作業はこれからも続いていくし、参照されるのは功利主義と義務論と徳倫理学だけとは限らない。

規範の「規範性」と「柔軟性」

哲学史から紹介された規範理論に照らすことで、あるいは人々の心に潜んでいた規範的主義主張を浮上させることで、現代の生命圏をめぐる「プラクティカル」な諸問題に方向性を与えやすくなるし反省的思考を整理しやすくなる、と考えているが、なぜ「規範」にこだわるのか。そもそも人々はそれほど「規範的」に生きているのか。

この問いは、改めて論じれば長くなるので、本書のまとめになるように短く答えておくことにする。私は、規範理論を参照することの意義を認めるが、規範の「規範性」にはあまりこだわっていない。むしろ規範と言いながらその「柔軟性」を強調したいと思っている。

「倫理」としての規範である以上は、「共生のための筋道」のスタンダードである。規範は、権力者による支配の武器ではない。「黙約」として育ってきた「習俗」が基本であるから、古い因習のマイナス面は改善しつつも、あくまで「共同生活のよきあり方」を了解し合うプロセスが大事である。そこでは、「決めつけないこと」、特にその時点で声が大きい人の意見だけに流されないことが重要で、それを「規範の柔軟性」とここでは表現しておきたい。「柔軟」という意味は、曖昧にしておいて何も決めないということではなく、多くの人々、特に声を上げにくい「弱者」と呼ばれる人の立場を考慮し、将来への危惧にも対応できる懐の深さを持ち続ける、ということである。

伝統的規範と新しい価値観

また、その規範とは「哲学史的伝統」に立脚したものだけを指すとは限らない。生命圏という大きな課題は、長き人類史に普遍のものであるが、今日の医療と産業の技術、それに伴う今日的な生き死にのあり方と環境問題は、まさに今日ならではのものである。ひと昔前の技術的条件とは前提が変わってきている場面で、「昔からこうだったのだから変えるべきではない」と言ってよいかどうかは検討する必要がある。

たとえば、「胃瘻《いろう》」をはじめとする経管栄養がある。口からは食べられない病人、障害者、終末期の人にとっては命綱である。これに対して、「口から食べられなくなったら人間は終わり。これが人類史の摂理。よって胃瘻などは全て拒否して安楽死を選ぶべき」という言説がある。そもそも胃瘻にしろ、さらには人工呼吸器にしろ、現代に出現した医療なので、「それを使って生きることを人類史はしてこなかった」ということを根拠に何かを決めるのは暴論になる。何のためにその技術を開発したのか、どう使うことが社会への貢献になるのかを、丁寧に考える必要がある。そこに新しい価値観が生まれる可能性はあるし、伝統的規範とのすり合わせや、時には対決も予想される。

ベンサムもカントもアリストテレスも、当然「胃瘻」は知らなかった。だからと言って、「彼らの倫理を信じるなら、彼らの倫理は全く使えない」との推論も導けない。逆に、「胃瘻の是非を考えるのに、胃瘻を使う社会を拒否すべきだ」との推論は導けない。ありうる推論は、たとえばこういうものである。「私はベンサムを信奉しているが、その延長線上で考えると、胃瘻は社会的利益を増大させるか、それとも負担を増大させるか。そこで言う利益や負担は誰にとってのものか。そもそもベンサム理論は二一世紀にどう応用できるのか」——このように考えることで、現代の技術社会に向き合う倫理を議論していくことができる。規範理論に照らしながら現代に応用するとは、まさにこういうことである。規範理論には、今日でも果たせる役割が十分あるし、そのまま現代社会に当てはまらない部分ではどう再解釈されるのか、場合によっては新しい価値観によって大幅な変更を迫られるのか、という課題もある。

3　生命圏の倫理学と技術・経済社会

生命圏を守れる技術を育てる

さて、まとめにかかろう。生命と環境は生命圏として連続しており、生命倫理と環境倫理を分けるのでなく、統合的な生命圏倫理を構想していこう。身体の内側に入ってくる技術、たとえば人工呼吸器や臓器移植や遺伝子改変という医療技術が、私たちに恩恵と同時に新たな悩みと危惧ももたらしつつある。身体の外を取り巻く技術、たとえば原子力発電という産業技術が、恩恵とそれ以上の危険をもたらしている。遺伝子組み換え作物は、身体の外と内を貫いて変えてしまうかもしれない。これらの二一世紀的現実に対して、「生命圏を守る」という大方針で倫理を語り、守れるような技術をこそ育てる社会にしていきたい。専門家は技術を過信せず説明責任を心がける、素人は技術を知る努力を続けて便利さだけに溺れず正しく活用する、仲介するインタープリターは両者の通訳を自己検証しながら果たす、という関係の中で多くの者が生命圏の持続を考えるようになれれば、と思う。

こんな反論は出てくるだろう。「勝手に生態系を改変するな、種の絶滅を起こすな、と言いたいのだろうが、太古の昔から生態系変化は人類の加工というレベルを超えた大きなうねりとしてある。動植物種の数は、おそらく現代が歴史上一番多い。人間のせいで温暖化したとか種の絶滅が日々起こっているとか言うが、地球史のスケールから見たら微々たるものだ」と。この発言は、ある程度は認める。しかし、「だから温暖化はあまり気にしなくてよい。種の増減を憂慮する必要はない」と結論づけるなら、反対する。「微々たるもの」と言うなら、人類そのものが地球史の端にいる微々たる存在である。地球の平均気温がほんの一〜二度変わっただけで存亡が左右されるのが人類である。その微妙なバランスで成り立っている生命圏を、人間の知恵が及ぶ範囲で守れる部分は守っていこう、というのがささやかな人類の小さな一員である私の結論である。人間の技術は、人間の倫理で包み込むべきだ。

生命圏と両立する経済社会を構想する

私たちが生きている二一世紀は、技術社会であると同時に経済社会である。幸か不幸か、資本主義システムのみが私たちの手に今ある唯一の「よりマシな」解答である。仮に神がいれば、あるいは「ガイア」と名付けられることもある地球そのものが一個の意思ある生命体ならば、地球表面から人類を一掃することで地球生態系を守れ、と決断を下すかもしれないが、残念ながらその決断に人類は従えない。生命圏の持続は、人類存続を優先条件として私も構想している。その人類の欲望と見事にマッチして繁栄したのが、資本主義経済である。資本主義の短所を指摘して生命圏を守ろうと提唱する私でさえ、第12章で「休みませんか？　資本主義」とは言ったが「やめませんか？　資本主義」とまでは言わなかった。

言いたいのはつまり、今の経済社会を全否定はしないが、生命圏と両立するものに少しずつでも変えていこう、ということである。第12章では「農」の話を主にしたが、産業構造全体の中で工業の比率を下げて農業の比率を上げよ、と言っているのではない。農に関連したところから自然とのつながりだとか人間の生業の初心だとかを見出して、物量の拡大再生産に固執する今の経済システムに、最後には欲望そのものを拡大再生産することで延命を図る経済システムに、反省を迫りたいのである。

倫理としての共同性を追求する

この終章では、「仲介者」「社会のインタープリター」というキーワードも挙げている。ここまでの本書の流れに乗ってきてくれた読者の中には、「この著者自身が、インタープリターをやろうとしているると、あるいは倫理学者たちはインタープリターになるべきだと、言いたいのだろう」と思う人もいるだろう。私が適任かどうかはわからないし、私自身、ある分野では専門家であり、別のある分野では素人であり、また別の分野では半分は知っているが半分は知らない人間である。それぞれの分野に適材適所で人材はいるはずである。それが経済社会の利権構造などにからめとられて有効に機能していないのが現状なのである。その構造にメスを入れて、たとえば「休みませんか?」とささやいて「たしかにギスギスしすぎだと私も思っていたから、ちょっと休んでみるよ」と言ってもらって、「利権を離れれば皆が共同体の仲間。そこを倫理の出発点として、少しはまともな物言いを、職場でもちょっとしてみるか」と動いてもらえれば、世の中はもっとマシになるかな、と思っている。

私自身、倫理を研究し、語る立場から、二一世紀なりの共同体のあり方、現代の倫理としての共同性を追求している。時には障害者の立場を考えての倫理的提言を試み、それを「あなたはまだわかっていない」と障害当事者から叱られまた考え直す、といった営みも繰り返している。「インタープリター」を自称するつもりはないが、たとえばこういうやり取りはしている。医学研究者に「倫理的に問題だと言いがかりをつけて研究を邪魔するな」と言われたら、「私はその研究のマイナスの副産物に気づいたので、そこへの配慮を語ってください」と答えているし、物理学者に「原発のメカニズムも知らずに危険性ばかり煽り立てるな」と言われたら、「私なりにここまで勉強しましたから、まず私に正しく利点と弱点を説明してください」と答えている。いずれも、「私を説得できることが説明責任の第一歩ですよ」との思いを持って向き合っている。いろいろな人がいろいろな場面で、誠実に説明する側に立ったりまじめに問いをぶつける側に立ったりして、信頼感が醸成されれば、倫理としての共同性は育てられる。

読者の皆さんはいかがだろうか。ささやかながらも「専門家」の役割を担う場面があるかもしれないし、職責や行きがかりから「仲介者」の役割を務める場面があるかもしれない。誰もが大半の場面では「素人」として技術を利用する側になるのだが、たんなる消費者で終わるのでなく、「いのちの圏域を守り育てる」自覚を持つ利用者になることで、「倫理としての共同性」に参与できればよいのではないか。そう考えて行動を選ぶ人が増えれば、「生命圏の倫理学」は、よき習俗に磨かれて、新しい展開を持てるだろう。

■参考文献

第Ⅰ部　倫理学から見る現代社会

▼第1章　功利主義の理論と現代

安彦一恵『「道徳的である」とはどういうことか――要説・倫理学原論』、世界思想社、二〇一三年。

奥田太郎『倫理学という構え――応用倫理学原論』、ナカニシヤ出版、二〇一二年。

加藤尚武『現代倫理学入門』、講談社学術文庫、一九九七年。

佐藤岳詩『R・M・ヘアの道徳哲学』、勁草書房、二〇一二年。

ベンサム、ジェレミー『道徳および立法の諸原理序説』、山下重一訳、関嘉彦責任編集『世界の名著38　ベンサム／J．S．ミル』所収、中央公論社、一九六七年。

▼第2章　義務論の理論と現代

カント、イマヌエル『道徳形而上学原論』、篠田英雄訳、岩波文庫、一九六〇年（改訳版＝一九七六年）。

――――『実践理性批判』、波多野精一・宮本和吉・篠田英雄訳、岩波文庫、一九七九年。

小松光彦・樽井正義・谷寿美編『倫理学案内――理論と課題』、慶應義塾大学出版会、二〇〇六年。

坂井昭宏・柏葉武秀編『現代倫理学』、ナカニシヤ出版、二〇〇七年。

篠澤和久・馬渕浩二編『倫理学の地図』、ナカニシヤ出版、二〇一〇年。

田中朋弘『文脈としての規範倫理学』、ナカニシヤ出版、二〇一二年。

▼第3章　徳倫理学の理論と現代

アリストテレス『ニコマコス倫理学』、高田三郎訳、岩波文庫、（上）一九七一年、（下）一九七三年。

アンスコム、G・エリザベス・M『インテンション――実践知の考察』、菅豊彦訳、産業図書、一九八四年。

アンスコム、G・エリザベス・M／ギーチ、P・T『哲学の三人――アリストテレス・トマス・フレーゲ』、野本和幸・藤澤郁夫訳、勁草書房、一九九二年。

神島裕子『マーサ・ヌスバウム――人間性涵養の哲学』中公選書、二〇一三年。

神野慧一郎『我々はなぜ道徳的か――ヒュームの洞察』、勁草書房、二〇〇二年。

ヌスバウム、マーサ・C『正義のフロンティア――障碍者・外国人・動物という境界を越えて』、神島裕子訳、法政大学出版局、二〇一二年。

ハーストハウス、ロザリンド『徳倫理学について』、土橋茂樹訳、知泉書館、二〇一四年。

フット、フィリッパ『人間にとって善とは何か――徳倫理学入門』、高橋久一郎監訳、筑摩書房、二〇一四年。

マッキンタイア、アラスデア『美徳なき時代』、篠崎榮訳、みすず書房、一九九三年。

第Ⅱ部　生命・環境倫理と倫理学理論

小松美彦『生権力の歴史――脳死・尊厳死・人間の尊厳をめぐって』、青土社、二〇一二年。

▼第4章　生命倫理と倫理学理論

篠原駿一郎・石橋孝明編『よく生き、よく死ぬ、ための生命倫理学』、ナカニシヤ出版、二〇〇九年。

徳永哲也『ベーシック 生命・環境倫理――「生命圏の倫理学」序説』、世界思想社、二〇一三年。

徳永哲也・大林雅之責任編集『シリーズ生命倫理学8　高齢者・難病患者・障害者の医療福祉』、丸善出版、二〇一二年。

森宏一郎『人にやさしい医療の経済学――医療を市場メカニズムにゆだねてよいか』、信山社、二〇一三年。

▼第5章　環境倫理と倫理学理論

朝日新聞科学医療グループ編『やさしい環境教室――環境問題を知ろう』、勁草書房、二〇一一年。

近畿化学協会化学教育研究会編著『環境倫理入門――地球環境と科学技術の未来を考えるために』、化学同人、二〇一二年。

小島　望『図説　生物多様性と現代社会――「生命の環」30の物語』、農山漁村文化協会、二〇一〇年。

高橋広次『環境倫理学入門――生命と環境のあいだ』、勁草書房、二〇一一年。

品川哲彦『正義と境を接するもの――責任という原理とケアの倫理』、ナカニシヤ出版、二〇〇七年。

▼第6章 「生命圏」倫理と倫理学理論

内山 節『自然と人間の哲学』（内山節著作集6）、農山漁村文化協会、二〇一四年。

粥川準二『トコトンやさしいバイオとゲノムの本』、日刊工業新聞社、二〇〇三年。

徳永哲也『はじめて学ぶ生命・環境倫理――「生命圏の倫理学」を求めて』、ナカニシヤ出版、二〇〇三年。

速水健朗『フード左翼とフード右翼――食で分断される日本人』朝日新書、二〇一三年。

八木宏典監修『最新 世界の農業と食料問題のすべてがわかる本』、ナツメ社、二〇一三年。

第Ⅲ部 新時代の「生命圏」と倫理

▼第7章 出生前診断の新技術と倫理

ウーレット、アリシア『生命倫理学と障害学の対話――障害者を排除しない生命倫理へ』、安藤泰至・児玉真美訳、生活書院、二〇一四年。

河合 蘭『出生前診断――出産ジャーナリストが見つめた現状と未来』、朝日新書、二〇一五年。

児玉真美『アシュリー事件――メディカル・コントロールと新・優生思想の時代』、生活書院、二〇一一年。

坂井律子『いのちを選ぶ社会――出生前診断のいま』、NHK出版、二〇一三年。

玉井真理子・渡部麻衣子編『出生前診断とわたしたち――「新型出生前診断」（NIPT）が問いかけるもの』、生活書院、二〇一四年。

利光恵子『受精卵診断と出生前診断――その導入をめぐる争いの現代史』、生活書院、二〇一二年。

松永正訓『運命の子トリソミー――短命という定めの男の子を授かった家族の物語』、小学館、二〇一三年。

丸山英二編『出生前診断の法律問題』、尚学社、二〇〇八年。

▼第8章　生殖ツーリズムという現代と倫理

浅見昇吾・盛永審一郎編『教養としての応用倫理学』、丸善出版、二〇一三年。

桜井　徹『リベラル優生主義と正義』、ナカニシヤ出版、二〇〇七年。

柘植あづみ『生殖技術――不妊治療と再生医療は社会に何をもたらすか』、みすず書房、二〇一二年。

日比野由利『ルポ　生殖ビジネス――世界で「出産」はどう商品化されているか』、朝日選書、二〇一五年。

日比野由利編著『グローバル化時代における生殖技術と家族形成』、日本評論社、二〇一三年。

▼第9章　安楽死・尊厳死法制化と倫理

井上芳保編著『健康不安と過剰医療の時代――医療化社会の正体を問う』、長崎出版、二〇一二年。

児玉真美『死の自己決定権のゆくえ――尊厳死・「無益な治療」論・臓器移植』、大月書店、二〇一三年。

小松美彦他『生を肯定する――いのちの弁別にあらがうために』、青土社、二〇一三年。

シャボットあかね『安楽死を選ぶ――オランダ・「よき死」の探検家たち』、日本評論社、二〇一四年。

立岩真也・有馬斉『生死の語り行い　1――尊厳死法案・抵抗・生命倫理学』、生活書院、二〇一二年。

中岡成文編『岩波　応用倫理学講義　1　生命』、岩波書店、二〇〇四年。

▼第10章　地球温暖化への対策と倫理
井上堅太郎『環境学入門』、大学教育出版、二〇〇五年。

江守正多＋気候シナリオ「実感」プロジェクト影響未来像班編著『地球温暖化はどれくらい「怖い」か？』、技術評論社、二〇一二年。

国立環境研究所地球環境研究センター編著『ココが知りたい地球温暖化』、成山堂書店、二〇〇九年。

――『ココが知りたい地球温暖化2』、成山堂書店、二〇一〇年。

丸山徳次編『岩波　応用倫理学講義　2　環境』、岩波書店、二〇〇四年。

山本良一・高岡美佳編著『地球温暖化への3つの選択――低炭素化・適応・気候改変のどれを選ぶか』、生産性出版、二〇一一年。

▼第11章　原発・エネルギー問題と倫理
石川憲二『自然エネルギーの可能性と限界――風力・太陽光発電の実力と現実解』、オーム社、二〇一〇年。

――『電気とエネルギーの未来は？――新技術の動向と全体最適化への挑戦』、オーム社、二〇一一年。

稲場秀明『反原発か、増原発か、脱原発か――日本のエネルギー問題の解決に向けて』、大学教育出版、二〇一三年。

植田和弘『緑のエネルギー原論』、岩波書店、二〇一三年。

加藤尚武『災害論――安全性工学への疑問』、世界思想社、二〇一一年。

鎌田　慧『さようなら原発の決意』、創森社、二〇一二年。

川本　兼『日本人は「脱原発」ができるのか――原発と資本主義と民主主義』、明石書店、二〇一二年。

小出裕章・中嶌哲演・槌田劭『原発事故後の日本を生きるということ』、農文協ブックレット、二〇一二年。

斎藤浩編『原発の安全と行政・司法・学界の責任』、法律文化社、二〇一三年。

高橋哲哉『犠牲のシステム　福島・沖縄』、集英社新書、二〇一二年。

田崎晴明『やっかいな放射線と向き合って暮らしていくための基礎知識』、朝日出版社、二〇一二年。

中西準子『原発事故と放射線のリスク学』、日本評論社、二〇一四年。

名取春彦『放射線はなぜわかりにくいのか――放射線の健康への影響、わかっていること、わからないこと』、あっぷる出版社、二〇一三年。

細川博昭『知っておきたい自然エネルギーの基礎知識――太陽光・風力・水力・地熱からバイオマスまで地球にやさしいエネルギーを徹底解説!』、ソフトバンククリエイティブ、二〇一二年。

矢部宏治『日本はなぜ、「基地」と「原発」を止められないのか』、集英社インターナショナル、二〇一四年。

山家公雄『再生可能エネルギーの真実』、エネルギーフォーラム、二〇一三年。

山田　真『水俣から福島へ――公害の経験を共有する』、岩波書店、二〇一四年。

山本義隆『福島の原発事故をめぐって――いくつか学び考えたこと』、みすず書房、二〇一一年。

リット、テオドール『原子力と倫理――原子力時代の自己理解』、小笠原道雄編／木内陽一・野平慎二訳、東信堂、二〇一二年。

▼第12章　産業・経済と人間の倫理

伊丹一浩『環境・農業・食の歴史――生命系と経済』、御茶の水書房、二〇一一年。

鈴木宣弘・木下順子『よくわかるＴＰＰ48のまちがい――ＴＰＰが日本の暮らしと経済を壊すこれだけの理由』、農文協ブックレット、二〇一一年。

橘木俊詔・広井良典『脱「成長」戦略――新しい福祉国家へ』、岩波書店、二〇一三年。

蔦谷栄一『共生と提携のコミュニティ農業へ』、創森社、二〇一三年。

中野剛志『反・自由貿易論』、新潮新書、二〇一三年。

ヌスバウム、マーサ・Ｃ『経済成長がすべてか？――デモクラシーが人文学を必要とする理由』、小沢自然・小野正嗣訳、岩波書店、二〇一三年。

長谷川浩『食べものとエネルギーの自産自消――3．11後の持続可能な生き方』、コモンズ、二〇一三年。

広井良典『人口減少社会という希望――コミュニティ経済の生成と地球倫理』、朝日選書、二〇一三年。

的場昭弘『大学生に語る資本主義の200年』、祥伝社新書、二〇一五年。

あとがき

前著『ベーシック 生命・環境倫理』の構想を練っていた二〇一一年三月一一日、東日本大震災が日本を襲った。大学で、その四月から入学する予定の高校生たちに向けて授業をしている最中だったので、揺れに驚き、高校生たちの帰りの交通路に気を遣ったこと、特に遠く東北地方に帰る高校生が心配になったことを、今でも鮮明に覚えている。揺れそのもの以上に、大津波の被害、そして福島原発の大事故とその後も続く惨状は、痛ましく、今も悩ましい問題である。これらの問題に、一哲学者として何ができるのだろうか、と考えさせられた。

原発と向き合う、そして、原発から脱却する論理と倫理、それをいかに考えるか。どう書けるか。そんなことも考え悩んでいたが、とりあえず二〇一三年発刊の前著ではそこまで踏み込まず、次には必ず一つはそれを扱う章を設けようと思い、本著が一つの形になった。

前著執筆中から本著発刊までの間にも、生命圏をプラクティカルに考えねばならない問題が世の中に噴き出してきた。二〇一三年四月からは新型出生前診断が日本にも上陸し、日本社会が国際比較ではより慎重に考えてきた「障害胎児の中絶」という問題が、大きな議論になろうとしている。二〇一三〜一四年と年をまたぐころには、日本尊厳死協会の意向を受けた国会議員たちが「尊厳死法」を用意していよいよ国会に上程か、との情報が飛び込んできた。二〇一四年夏には、生殖ツーリズムの「二大スキャンダル」と後に呼ばれる事態（タイの代理出産者を使った日本人男性のケースとオーストラリア人夫婦のケース、本書一三六—七頁参照）が、マスコミで話題になった。地球温暖化を防止する「京都議定書」の拘束期間は、二〇一二年で一応終了したことになっており、二〇一三年以降の対策に世界は苦慮している。農と食と生態系のあり方を考えるにつけても、「二〇一四年統計で遺伝子組み換え作物の耕作面積が世界の一三パーセントを占めるまでに拡大した」との報道が二〇一五年夏にあり、危機感が募る。日本人は「遺伝子組み換えでない作物を使用」というブランドを好むが、いつまでそれが通用するか。

このような現実を視野に収めながら書いたのが本著である。書きたいことはほかにもあった。遺伝子医療をどこまで認めてどこからは警戒するか。健康はとりあえず望ましいが「健康増進法」（二〇〇二年制定）で健康増進を義務づける国策はどこかおかしくないか。地球自然と人類の科学技術は本当に調和できるのか。——これらについては、引き続き考えていきたい。

なお、本著では功利主義・義務論・徳倫理学という三つの代表的な規範倫理学理論を活用したので、少し付言しておこう。現代の倫理学に詳しい人なら、「この三つを挙げるなら、第四にケアの倫理学というものもあるではないか。なぜそれを並べて論じないのか」と思うかもしれないので、こう答えておく。ギリガン（一九三六―、アメリカ）やノディングズ（一九二九―、アメリカ）を先駆けとする現代のケアの倫理学は、大いに注目に値するが、私見では、伝統的な規範倫理学理論とは次元の異なる現代社会への斬り込み方であり、「第四の道」と並べては位置づけにくい。「ケアの倫理学は、看護の領域から浮上した、男性原理を批判する女性からの倫理的主張であるという点で、従来の倫理学とは別物だ」という世にある見解とも、私の考えは少し違うが、今日のジェンダー問題も絡む新しい文脈で考える必要はあると思っている。よって、本著に取り入れるのは議論を複雑にしすぎると考え、あえて言及しなかった。「福祉社会の正義とケアの哲学」といったテーマで、あらためて別著で扱うことを考えたい。

最後に、世界思想社の編集部に御礼を申し上げる。丁寧な助言は、本著のブラッシュアップに大いに役立った。一冊一冊の書籍に誠実に取り組むその姿勢に、感謝とともに敬意を表したい。

二〇一五年七月

徳永哲也

＝索　引＝

〈略 号〉

〈ア 行〉

〈カ 行〉

〈サ　行〉

〈タ 行〉

〈ナ 行〉

〈ハ 行〉

〈マ 行〉

〈ヤ 行〉

〈ラ 行〉

〈ワ 行〉

〔著者紹介〕

徳 永 哲 也（とくなが・てつや）

1959年　大阪府に生まれる
1983年　東京大学文学部卒業
1996年　大阪大学大学院文学研究科博士課程単位取得満期退学
現　在　長野大学環境ツーリズム学部教授（専攻＝哲学・倫理学）
単　著　『はじめて学ぶ生命・環境倫理――「生命圏の倫理学」を求めて』（ナカニシヤ出版，2003年）
『たてなおしの福祉哲学――哲学的知恵を実践的提言に！』（晃洋書房，2007年）
『ベーシック 生命・環境倫理――「生命圏の倫理学」序説』（世界思想社，2013年）
編　著　『福祉と人間の考え方』（ナカニシヤ出版，2007年）
『安全・安心を問いなおす』（郷土出版社，2009年）
『シリーズ生命倫理学8　高齢者・難病患者・障害者の医療福祉』（共編，丸善出版，2012年）
訳　書　『生命倫理百科事典』（共訳・編集委員，丸善，2007年）

プラクティカル 生命・環境倫理
――「生命圏の倫理学」の展開

2015年11月20日　第1刷発行　　定価はカバーに
2020年 4 月30日　第2刷発行　　表示しています

著　者　徳《とく》 永《なが》 哲《てつ》 也《や》

発行者　上 原 寿 明

世界思想社

京都市左京区岩倉南桑原町56　〒606-0031
電話 075(721)6500
振替 01000-6-2908
http://sekaishisosha.jp/

（印刷・製本 太洋社）

ISBN978-4-7907-1666-2

▼《世界思想社　現代哲学叢書》の創刊にあたって

本叢書創刊の二〇一一年という年は、日本人にとって忘れられない年となった。三月十一日午後二時四十六分、マグニチュード9という巨大地震が日本の東北・三陸地方を襲ったのである。それにともなう大津波により東北地方の東海岸は壊滅的な打撃を受け、二万人におよぶ死者・行方不明者を出した。そればかりでなく、同時発生した東京電力福島第一原子力発電所の事故によって、大気中、海中に大量の放射能が放出され、終息には長い年月を要すると言われている。その影響は当然のことながら、自国のみにとどまるものではない。

こうした現実を前にして、学問に何ができるのか。原発事故の問題はひとり原子力工学に関わる人間だけの問題ではない。とりわけ哲学はその時代の人々の生き方を問うものでなければならない。現実と格闘しない哲学は「哲学」の名に値しない。

原発のみならず、多種多様な現代的諸問題と哲学はどのように格闘しているのか。本叢書はそうした哲学の「現場」をさまざまな角度・論点から紹介し、その最前線へと読者をいざなおうとする試みである。読者は著者からの挑戦を受け、著者と対峙することで、自らの思索を深めることができるであろう。本叢書がそのための一助となることを願ってやまない。

（二〇一一年十月）